深空探测着陆试验
低重力模拟技术

刘占卿　董　强　陈　强　邢　伟
黄　科　程　刚　白文静　姜初伟　编著

东北大学出版社
·沈　阳·

ⓒ 刘占卿 等 2021

图书在版编目（CIP）数据

深空探测着陆试验低重力模拟技术 / 刘占卿等编著
. — 沈阳：东北大学出版社，2021.10
ISBN 978-7-5517-2791-4

Ⅰ．①深… Ⅱ．①刘… ②空间探测—研究 Ⅳ.
①V1

中国版本图书馆 CIP 数据核字（2021）第 203376 号

———————————————————————————————

出 版 者：东北大学出版社
　　　　　地址：沈阳市和平区文化路三号巷 11 号
　　　　　邮编：110819
　　　　　电话：024-83683655（总编室）　 83687331（营销部）
　　　　　传真：024-83687332（总编室）　 83680180（营销部）
　　　　　网址：http://www.neupress.com
　　　　　E-mail: neuph@neupress.com
印 刷 者：辽宁一诺广告印务有限公司
发 行 者：东北大学出版社
幅面尺寸：170 mm×240 mm
印　　张：9.75
字　　数：150千字
出版时间：2021年10月第1版
印刷时间：2021年10月第1次印刷
策划编辑：刘新宇
责任编辑：郎　坤
责任校对：杨　坤
封面设计：潘正一

———————————————————————————————

ISBN 978-7-5517-2791-4　　　　　　　　　　　定　价：58.00元

目 录
CONTENTS

1 绪 论 ·· 1

1.1 深空探测的定义 ······························· 1

1.2 探月工程——中国深空探测第一步 ············ 3

1.3 为什么要去火星 ······························· 5

2 深空探测着陆试验悬吊法低重力模拟总体方案 ········ 9

2.1 概述 ·· 9

2.2 悬吊法低重力模拟技术 ······················ 11

2.3 悬吊法低重力模拟关键技术要求 ·············· 13

2.4 系统主要组成 ······························· 15

3 高耸空间连体钢结构体系选型技术 ················· 16

3.1 概述 ·· 16

3.2 设定合理的结构目标 ························· 18

3.3 高耸多塔结构方案比选方法 ·················· 22

3.4 高耸钢结构体系的性能特点 ·················· 28

3.5 高耸钢结构系统抗低温脆断能力分析 ·········· 39

4 三维随动装置 ·· 48

  4.1 概述 ································· 48

  4.2 国外低重力模拟三维随动技术的发展与特点 ·········· 49

  4.3 国内低重力模拟三维随动技术的发展与特点 ·········· 52

  4.4 三维随动装置的结构与组成 ··················· 56

  4.5 三维随动装置的关键技术研究 ················· 65

5 三维随动控制技术 ·································· 75

  5.1 三维随动控制系统 ······················ 75

  5.2 低重力模拟试验平台控制要求 ················· 83

  5.3 低重力模拟试验平台系统建模分析 ·············· 86

6 试验保障技术 ···································· 129

  6.1 场地照明技术 ························· 129

  6.2 气象监测系统 ························· 133

参考文献 ·· 152

1 绪 论 ▸▸▸ _____

1.1 深空探测的定义

什么是深空探测？乍一听，好像不是问题。《中国大百科全书》《2000年中国的航天》白皮书有过一个定义，即深空探测一般是指"对深空及其内的天体进行的探测"。但是这个定义并不严谨，也很难实际操作。

一般意义上，高度100公里被认为是航空和航天的分界线。进一步说，在航天领域中，多远算深空呢？500公里、1000公里、1万公里还是10万公里？这就很难说了。西方百科全书对深空的定义为：地球引力场以外的空间。这个定义对吗？仔细推敲一下，这个定义也是不严谨的。因为理论上引力场不论大小，其作用距离是无穷远。

如果按照直线距离定义深空有困难，那么按飞行距离来定义是否可行呢？一般在轨运行的近地航天器，在寿命期内环绕地球的飞行距离超过百万公里。以大家熟知的国际空间站为例，国际空间站的第一舱1998年11月发射入轨，至今在近地轨道上飞行了23年，飞行里程约40亿公里。距离够远了吧，但是仍然不能被认为是深空探测器。

如果无法从距离上界定什么是深空和深空探测，那么可否把重点放在"探测"上，用探测对象来定义深空探测呢？比如，将所有对地球以外天体的探测活动，定义为深空探测。严格来讲，也不可行。人类很早就在地球上对地外天体、星系和宇宙进行了观测活动，现在更有大量地基的光学望远镜和射电望远镜等先进的天文观测设备。这些都可对地外天体进行观测，但算作深空探测显然也不合适。

自人类1957年进入航天时代后，在地球轨道上利用航天器对太阳系其他天体、环境和银河系等目标开展了大量探测活动，这些能被定义为深空探测吗？如果可以，那么地球轨道上的空间望远镜，比如哈勃太空望远镜，都应该算深空探测。可是，这个说法在业内得不到认可。

在2011年美国国家航空航天局发布的最新行星探测规划中，特别指出：对大行星及其卫星和月球开展的探测活动都属于行星探测。因此月球探测也应属于深空探测。

早在2002年，美国国家航空航天局出版的《深空探测年表》曾经对深空探测进行了定义。定义采用枚举法，把世界范围内2002年以前所有的深空探测任务类型全部列出来，符合这些任务类型的探测都属于深空探测。此定义冗长而且扩展性不好——万一人类发明了新的深空探测方式，是不是马上就得修改深空探测的定义呢？但是，这已经是当时国际上最严谨的深空探测定义。

2006年，我国开始研究深空探测规划，一批科学家和工程师也对"什么是深空探测"进行了深入探讨，提出了一个较为完整而又简洁明了的定义，即在飞行过程中，所经历的主引力场为地球以外的天体引力场、或处于多体引力平衡点附近的航天器是深空探测器；与此相对应，通过深空探测器开展的空间探测的活动是深空探测。

上述定义从航天器的角度出发，为区别于近地航天器，以引力场是否变化来定义深空探测，既避免了以探测对象定义的不全面性，又避免了用飞行距离定义的不严谨性，还能体现深空探测区别于近地航天活动的特点，同时具备一定的可扩展性，是一个清晰而准确的定义。

按照这个定义，我国的嫦娥一号、二号、三号、五号飞行试验器在飞行过程中都经历了月球引力场为主引力场或起主要作用的飞行阶段，嫦娥二号最终是在太阳引力场中飞行的，显然都属于深空探测器。

当然，在未来深空探测的概念也不会是一成不变的。当前人类的深空探测器活动范围绝大部分在太阳系内，飞的最远的旅行者2号已抵达太阳系边界。随着人类进入空间能力的提升，未来人类将能到达更远的空间，深空探测活动将会扩展到太阳系以外的银河系乃至整个宇宙，探测的方式也许会出现天翻地覆的变化，可能上述定义不再适用。到时候，未来的人类一定能够提出更清晰、准确的深空探测概念。

1.2 探月工程——中国深空探测第一步

月球是地球唯一的天然卫星，也是太阳系第五大卫星；它与地球的关系在太阳系中极为特殊，其质量达到了地球的八十一分之一，而太阳系其他行星的卫星远远达不到这样大的比例。实际上，地球和月球在围绕着它们的共同质心转动，因此，在天文学上专门将地球和月球称为"地月系统"，并作为一个整体去研究。月球的存在对于维持地球自转轴的稳定非常重要，而月球引力引起的潮汐作用甚至比太阳还要大。由于"潮汐锁定"的原因，月球的自转和公转速度相同，使得它总是只有一面朝向地球。

对于月球形成的原因，有很多种假说。目前主流的观点认为月球是在45亿年前一颗火星大小的天体与地球大碰撞之后形成的。这一理论可以解释很多我们目前看到的现象，但仍不完美，随着空间技术的发展，对月球的研究越来越深入，对月球历史的了解也将越来越准确。而月球从形成开始，就以很缓慢的速度远离地球而去。人类文明恰好出现在月球距离地球大约三十八万公里的时候。这时期从地球上看到的月球和太阳的尺寸差不多，也就使日全食有可能发生。这不得不说是历史学家的运气：通过天文学观测，可以准确追溯日全食的发生日期，通过与史料结合，可以准确地判断很多历史事件的发生时间。

月球从史前时代就一直吸引着人类的目光。我们可以从古代的神话故事、文学作品中无数次找到月亮的身影。在人类文明的发展历程中，月相的变化对历法的形成影响巨大，目前人类使用的历书，大体上就可分为反映太阳变化规律的太阳历和反映月相变化的太阴历，我国古代广泛使用的农历实际上就是太阳历和太阴历的结合。

古代的天文学家很早就开始观测、研究月球。1609年，伽利略首次用天文望远镜观测月球，使人类对月球正面的地形开始有详细的了解。但真正的飞跃是在20世纪人类进入太空时代之后才开始的。

1957年，苏联发射人类第一颗人造卫星，解决了将人造物体发射到太空的基本技术之后，马上就开始着手向月球发射探测器。发射人造卫星的运载火箭只能将物体送到近地轨道，因此需要在原来运载火箭的基础上增加一级，将探测器送到地月转移轨道。最早的发射是从1958年开始的，但经历了多次失败后，苏联在1959年1月2日终于成功发射月球1号，经历34小时的飞行之后，从距离月球5995公里的地方掠过。实际上，苏联发射了很多的探月飞行器，但仅对取得成功或部分成功的任务命名并予以公布。最初月球1号的任务是撞击月球，但并没有达到目标。最终这一任务是月球2号在1959年9月14日完成的，它成为人类在外星球实现硬着陆的第一个物体。之后，苏联马不停蹄地实施了第一次从月球背面拍照的任务——月球3号。由于那个年代还没有数码技术，月球3号上携带了老式的照相机，拍摄后在探测器上显影，然后用电视摄像机扫描并把信号传回地球。1959年10月，月球3号获得了月球背面的图像。这对人类来说意义非凡，体现了科学与工程上的重大成就。赫鲁晓夫甚至拿着月球背面的照片去向美国总统炫耀。

20世纪50年代末期，由于苏联在运载火箭和人造卫星技术上先走一步，因此在月球探索上也占得先机。而美国也不甘示弱，先后发射了先驱者、徘徊者等探测器，实现了硬着陆。美苏在探月方面的竞争，是冷战时期太空竞赛很重要的一部分。在运载火箭技术、空间飞行器技术都不十分成熟的情况下，两国通过密集的发射任务不断尝试，终于在多次失败后取得了几次探测任务的成功。这些任务不但获得了更为精确的月球天文参数，也开展了人类历史上第一次地月空间的环境探测，为人类后续的探月任务打下了基础，可以说是"功不可没"。

进入21世纪，我国根据统筹规划，选择有限目标，计划分步开展深空探测活动的原则，确定月球探测为第一个深空探测项目。中国进行月球探测，是因为月球是离地球最近的一个星球，又蕴含着丰富的资源和能源以及特殊环境，所以从技术、科学和经济等方面讲，各国在空间探测领域大都先从探月开始是符合科学规律的。随着我国经济和科技的不断发展，从2004年起，中国开始实施月球探测工程。

中国探月工程采用绕月探测、落月探测和月球采样返回探测，即"绕、落、回"三步走发展战略，每一步都是对前一步的深化，并为下一步奠定基础，它们有明显的递进关系。

"绕"：2007年（一期）发射绕月探测器，对月球进行全球性普查。它原定通过发射嫦娥一号、二号绕月探测器来完成，其中嫦娥二号是嫦娥一号的备份。后来由于嫦娥一号表现出色，嫦娥二号卫星改作探月第二阶段的技术先导星。

"落"：2013年（二期）发射携带月球车的探测器在月面着陆，对着陆区附近进行区域性详查。它原定通过发射嫦娥三号、四号探测器来完成，其中嫦娥四号是嫦娥三号的备份，后来嫦娥二号也用于这一阶段任务，用于突破关键技术。

"回"：2020年前（三期）发射月球采样返回器。它在月面特定区域软着陆并采样，然后把月球样品带回地球进行精查。

1.3 为什么要去火星

自20世纪60年代以来，人类进行了四十多次火星探测任务，2020年火星探测再次成为热门。为什么我们选择火星？

火星是人类可以探索的距离地球较近的行星之一，人类如果想要冲出地月系到达下一个行星，理论上应从火星和金星两个"邻居"开始。它们和地球同处太阳系内的宜居带内、同属于岩质行星、拥有孕育生命的可能性。

火星对于人类有一种特殊的吸引力，它是太阳系中最近似地球的天体，见图1.1。火星赤道平面与公转轨道平面的交角非常接近于地球，有类似地球的四季交替；同时火星的自转周期为24小时37分，这使火星上的一天几乎和地球上的一样长。

图1.1　太阳系示意图

火星的直径是地球的53%，火星表面物质形态主要是沙丘砾石，基本上是沙漠行星。

2018年7月，意大利科学家首次在火星上发现盐水湖，引起了全人类的关注。

和地球相比火星的自然环境十分恶劣。火星表面富含赤铁矿，因此呈橘红色，火星表面非常干燥，年平均气温在-50℃以下。大气稀薄，气压只有地球的1%。

火星有两个卫星——火卫一和火卫二，故在火星上可以看到两个月亮。火星的一天长短和地球相似，自转一圈是24.6229小时，公转一圈是687天，大约是地球公转时间的2倍。我国古代称火星为"荧惑"，西方古代称火星为"战神玛尔斯星"。

火星在太阳系中大气条件最为接近地球；火星表面光照不太弱，昼夜与地球相当，太阳能可用。同时，在太阳系的行星中，火星距离地球较近，基于人类现有的空间探测器投送能力，可以实现环绕和着陆，而且探测周期比较合适。

火星是太阳系内环境与地球最为接近的星球，是人类最有可能登陆的下一个地外天体。如果人类航天的未来是宇宙的星辰大海，中国人没有任何理由不去探测火星！

中国火星探测将使我国真正进入深空，虽然中国火星探测起步相对较晚，但中国人从不缺席，走近火星揭开她神秘的面纱，是中华民族全体人民的骄傲和自豪。中国火星探测任务是继探月工程之后，我国深空探测的又一项国家重大标志性工程，举世瞩目，极具挑战性。目前成功实现火星着陆巡视的只有美国，着陆的有俄罗斯，发射火星探测卫星的有印度和欧空局。

2020年7月23日12时41分，我国长征五号遥四运载火箭搭载天问一号探测器在海南文昌航天发射场发射升空，飞行2000多秒后，成功将探测器送入预定轨道，开启火星探测之旅，迈出了中国自主开展行星探测的第一步。天问一号探测器由环绕器、着陆器和巡视器组成（见图1.2），总重量达到5吨左右。天问一号火星探测任务要一次性完成"绕、落、巡"三大任务。环绕探测是火星探测的主要方式之一，也是行星探测开始阶段的首选方式。环绕器要完成的主要科学探测任务包括五大方面：火星大气电离层分析及行星际环境探测；火星表面和地下水冰的探测；火星土壤类型分布和结构探测；火星地形地貌特征及其变化探测；火星表面物质成分的调查和分析。天问一号环绕器进入环火轨道后，先开展约三个月的对地观测，特别是对预选着陆区进行详细勘测。之后携带火星车的着陆器将与环绕器分离，利用降落伞和反推火箭在火星表面

图1.2 祝融号与登陆器实体图

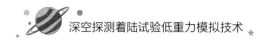

着陆，并开展为期90个火星日（一个火星日约24小时39分35.2秒）的巡视探测任务。"祝融号"火星车要完成的科学探测任务有：火星巡视区形貌和地质构造探测，火星巡视区土壤结构（剖面）探测和水冰探查，火星巡视区表面元素、矿物和岩石类型探查，以及火星巡视区大气物理特征与表面环境探测。

2 深空探测着陆试验悬吊法低重力模拟总体方案 ,,,,_____

2.1 概述

低重力模拟是随着深空探索及航空技术的发展而出现的一个新课题，由于其重要性，已逐渐成为各个航天大国竞相研究的关键课题。许多大国对低重力都已做了很多研究，例如美国、苏联等从20世纪60年代开始设计过多种针对月球车、宇航员等应用的微低重力模拟系统。我国目前还处于起步阶段，与世界领先水平还有差距。现在地面低重力模拟技术各式各样，各有优缺点及独特实用性。实现低重力的方法主要可以分为两大类：一类是真实低重力环境模拟，另一类是等效低重力环境模拟。真实低重力环境模拟包括落塔法和抛物飞行法，实现真实的低重力环境；等效低重力环境模拟主要分为水浮法、气浮法和悬吊法等，是通过卸载抵消一部分重力实现低重力环境。其中，悬吊法根据有无反馈控制可分为被动式悬吊法、主动式悬吊法和主被动结合悬吊法。这些方法的横向对比如表2.1所示。

综合分析，悬吊法综合优势最大，目前研究成果也最多。随着针对其控制策略研究的发展，悬吊式低重力模拟精度越来越高，使得该方法被越来越多地应用于低重力模拟场合。

表 2.1 各种微低重力模拟方法对比

方法	模拟原理	模拟对象	模拟类型	模拟真实度	模拟时长	模拟自由度	附加力大小	实现难度	优点	缺点
落塔法	自由落体	小型航天器	微重力	高，$10^{-4}\sim10^{-5}$g	10s	6	小	较难	微重力模拟精度最高	时长短、尺寸受限、成本高
抛物飞行法	部分或完全自由落体	小型航天器及宇航员	微/低重力	高，$10^{-2}\sim10^{-3}$g	$20\sim30$s，可反复多次	6	小	难	微低重力模拟精度较高	单次时长短、尺寸受限、成本高
水浮法	水浮支撑	大型航天器及宇航员	微重力	较高	无限长	6	较大	较难	时长、尺寸不受限	水阻、密封、成本高
气浮法	气浮支撑	太阳能电池板、展开天线及空间机械臂	微重力	较高	无限长	$1\sim3$	大	易	实现简单、力可调、时长、尺寸受限	附加惯量大、适应自由度数少
悬吊法	吊索悬吊	大部分航天器及宇航员	微/低重力	高	无限长	$3\sim6$	小	易	实现简单、附加惯量小、时长、尺寸不受限	控制复杂、无法空间交叉、对子柔性体易耦合震颤
外骨骼法	外骨骼助力	宇航员	微/低重力	一般	无限长	6	较大	较难	可针对宇航员身体不同部位补偿重力	摩擦大、模拟精度低、体感较差
机械臂托举法	机械臂托举支撑	小型航天器	微重力	高	无限长	6	小	难	完全 6 自由度漂浮、响应灵敏	成本高、需要精确载荷模型、机械臂型有限

2.2 悬吊法低重力模拟技术

悬吊法是一种等效低重力模拟方法，主要是通过在试验对象质心处悬吊若干绳索，以补偿和卸载部分或全部重力，来达到低重力模拟的目的。悬吊式低重力模拟系统一般分为两个子系统，一个是恒拉力系统，即重力补偿系统，另一个是水平随动系统。恒拉力系统的作用就是通过绳索对试验对象提供一个和重力相反的重力补偿力，伺服电机加卷筒结构是其常用的结构形式，这种结构可以添加力反馈，是闭环的，补偿力可随意控制；也可以是配重和滑轮组结构，这种结构一次只能模拟一种低重力环境，且是开环的。水平随动系统的功能是精密跟随试验对象在水平面上的运动，保持绳子始终在竖直方向，使作为重力补偿力的吊索张力时时竖直向上，不致产生太多的横向分力，影响试验准确性。悬吊法是全部低重力模拟方法中构成最简单的，装置可大可小，室内室外均可实现，并且试验时间是可随意控制的，能胜任模拟三维空间和二维空间的低重力环境。但是，悬吊法的缺点也是显而易见的，如悬吊系统自身拥有的摩擦和惯性，系统的振动和噪声，力传感器本身的噪声，水平随动的精准度，绳子的横振和纵振，这些不利条件都会使系统精度下降和动态性能变差。悬吊式低重力模拟系统按照跟随试验对象悬挂点运动的方式及恒拉力的实现方式可分为：被动式悬吊法、主动式悬吊法。

2.2.1 被动式悬吊模拟技术

被动跟随悬吊式低重力模拟系统主要分为被动拉力装置和被动随动装置两种。被动拉力装置主要通过悬挂一定重物来补偿重力，一般是配合滑轮组使用。由于重物质量一定，且没有拉力反馈装置，所以其实质上是一个开环系统，精度较低。被动随动装置是由试验对象牵引，被动地跟着运动，所以很难保证绳子竖直，大部分情况下都是有水平分力的存在。被动随动装置一般采用比较光滑的直线移动导轨支撑，摩擦系数越小模拟系统的精度越高，但不会很高。所以，经常通过牺牲试验装置的惯性和摩擦间接地降低误差，这恰是被动式低重力模拟精度不高的原因。被动跟随式方法由于控制精度不高，要想得到好的试验结果，只能应用于试验对象运动速度较小的情况，这种方法在空间可展开机构中应用很广泛，取得较好效果有哈尔滨工业大学的空间伸展臂低重力试验系统（见图2.1）和由剑桥大学研制的太阳能折叠翼展开机构低重力试验系统（见图2.2）。对空间可展开机构进行低重力模拟试验的目的主要是验证机构的功能，由于此时机构运动速度不高，完全可以把此运动过程当成静态过程来处理，这时绳索在水平方向是静止的，绳子的拉力自然和机构的质心对准，没有水平分力，所以是可行的；另外空间可展开机构大多时候只有一个方向上的自由度，其不但没有水平方向的运动，也没有竖直方向的运动，所以悬挂点不存在竖直方向上的运动，绳索也就没有上下移动，重物砝码的惯性对系统没有影响，试验结果是可用的。再进一步，完全可以用弹簧来代替重物和滑轮组，通过弹簧的预紧力可以达到同样的效果。

图2.1　空间伸展臂低重力试验系统

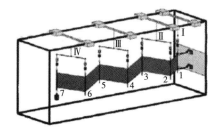

图2.2　太阳能折叠翼展开机构低重力
试验系统

2.2.2　主动式悬吊模拟技术

主动跟随悬吊式低重力模拟系统的拉力装置和随动装置，通过伺服系统主动地跟随悬挂目标体的运动。系统中拉力装置一般采用力矩伺服电机带动卷筒，通过拉力传感器实时测量吊索拉力，作为输入控制伺服电机提供恒拉力同时跟随目标体竖直方向的运动。为了降低对拉力装置动态性能的要求，一般设计一套恒拉力机构嵌入拉力装置中；随动装置也采用伺服电机驱动，通过测量目标体的位置或者吊索的摆角作为伺服系统的输入进行位置随动。随动系统的构架形式包括直角坐标型和极坐标型两种。主动式系统的特点是结构相对简单，适用于速度和加速度更高的试验目标体；对目标体的干扰小，精度较高；但是控制系统相对复杂。

美国航空航天局（NASA）设计了一种 6 自由度的悬吊式低重力模拟系统，可以根据不同的模拟环境设置不同的参数，只需调整参数即可模拟月球上的环境和微重力的环境，甚至任意小重力加速度的环境。该系统可用于训练宇航员在诸如火星、月球和微重力等低重力环境下的行走、跑步和跳跃等，这些动作覆盖甚至超出了正常的动作范围，但该系统依然能达到很好的模拟效果，还可以完成航天服的评价。该系统在绳索末端连接了一个可以在立体空间内任意做动作的万向节，可以实现试验目标体自主的三轴转动，x, y, z 三个方向的移动采用伺服电机与伺服控制实现，通过控制电机正反转控制吊索带动试验体上下运动，竖直方向上通过实时无噪声的拉力传感器实现恒力控制；水平方向上采用角度传感器检测的角度，反馈给控制系统，通过控制 x, y 两个方向的电机实时跟随宇航员运动，以保证吊索的竖直。由于 NASA 采用的伺服控制是高精度的，所以该系统的动态性能较其他国家的同类型系统突出。该系统在悬吊点水平运动跟随的实现上，采用了智能天车系统。哈尔滨工业大学的低重力模拟系统中也采用了类似天车的系统，效果很好。

2.3 悬吊法低重力模拟关键技术要求

探测器在地外天体着陆的过程大致可以描述为：从环绕轨道近端制动，达到一定高度以后通过降落伞减速，距离更近的时候抛掉降落伞并通过主发动机完成精确的减速、悬停、避障和缓速下降并实现着陆。地面低重力模拟主要是完成着陆探测器在距天体表面 100 米的最后着陆阶段的各类研制试验。图 2.3 所示为嫦娥四号着陆过程示意图。

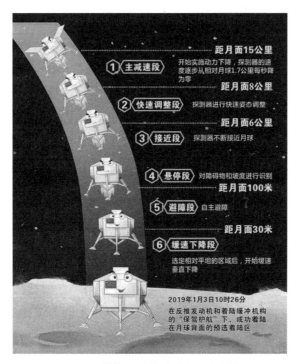

图2.3　嫦娥四号着陆过程示意图①

根据任务需求，低重力模拟所需要满足的关键技术要求可以总结为以下几个方面：

①空间要求。空间要求包括高度空间与宽度空间，其与探测器着陆段机动能力相关。

②承载要求。低重力环境模拟的承载能力应大于现有探测器着陆的最大质量，并综合考虑动态冲击承载能力。

③速度和加速度要求。探测器在避障阶段会根据雷达信号和图像识别结果进行水平机动，因此，低重力模拟系统应该具备水平和竖直方向上足够的速度和加速度跟踪能力。

④力控制要求。力控制要求是低重力模拟的核心技术指标，包括系统力控制范围、力控制精度、力控制角度、控制周期、干扰力正弦周期等。

---

① 由新华社记者胥晓璇、胡喆编制。

⑤ 控制响应要求。控制响应能力决定了系统调节的稳定性和动态响应能力。主要包括系统响应速度、各方向控制精度、低重力模拟反应时间等。

从技术要求可以看出，低重力模拟系统一方面要实现水平 2 自由度大范围跟踪探测器活动，实现很大的水平速度和加速度。更重要的是，低重力模拟系统在跟随过程中应满足拉力的绝对倾角要求，即试验过程中，探测器运动过程中，向上的拉力方向与垂直方向的夹角需要时刻保证在技术要求约定的很小的范围内，才能保证低重力力学环境并不扰动探测器运行。另一方面在水平高精度跟踪运动的同时，还要跟踪探测器垂直方向大范围的高速移动，具备满足技术要求的向上速度和加速度，同时还要控制恒拉力和力控制精度。

因此，低重力模拟技术实际上就是要在大空间对飞行中的探测器实施高精度的三维位置与拉力混合随动跟踪控制。

2.4　系统主要组成

为实现多自由度、长行程、大惯量机电系统的高速度、快响应、高精度控制，针对关键技术要求解决行程长与精度高、惯量大与响应快等相互制约问题，一般采用由粗到精逐级驱动控制的方法，系统由以下几部分组成：

① 高耸多塔空间结构。该结构为探测器着陆试验提供必要的运行空间，以足够的强度和刚度应对探测器静载荷和运行冲击，并为控制系统提供尽可能大的刚度条件。

② 一级随动系统。该系统为探测器垂直缓降和水平大范围机动提供快速跟随能力，控制精度相对较低。

③ 快速随动系统。该系统为探测器垂直缓降和水平小范围机动提供快速跟随能力，控制响应快，控制精度高。

④ 环境保障系统。该系统为探测器着陆试验提供照明、气象监测、防雷等必要的保障条件。

3 高耸空间连体钢结构体系选型技术

3.1 概述

探测器着陆试验对高耸空间结构的刚度和变形要求极高。根据总体技术及工程建造要求，本章通过对高耸空间结构体系多个方案进行研究和分析，解决高耸多塔空间连体钢结构小变形控制和构筑物不规则扭转效应控制的难题，确定塔柱顶部桁架体系的合理布局，相关研究成果可直接指导和应用于结构分析与设计。

根据探测器随动跟踪控制试验要求，高耸空间结构要为探测器搭建出足够大的运行空间，因此结构体系采用高耸多塔空间连体钢结构。探测器空中环形支撑平台高度上百米，作为承载探测器系统运行的高空承载结构，其水平位移控制极为苛刻，研究及设计实施难度很高。图3.1～图3.3所示为着陆冲击试验设备。

正确的结构优化设计，是实现系统功能的最大保障。钢结构优化设计不是为了降低造价，而是要结合概念设计和计算仿真等手段，从设定合理的结构性能目标、结构体系的选择和创新、计算分析和校核调整、节点优化设计等方面，综合考虑结构重要性和功能、受力性能、气候条件、加工制作技术水平和现场施工条件等因素，对设计方案进行合理性调整。钢结构从业人员应综合学习设计、制作、安装领域的知识，力争设计出更合理、优异的作品。

图 3.1 NASA 兰利研究中心着陆冲击试验设备

图 3.2 探月工程着陆试验设备

图 3.3 探火工程着陆试验设备

近年来，由于钢结构自身的诸多优点（强度高、自重轻、抗震性能好、施工周期短等），其在大跨度、超高层和复杂异形空间结构中大量应用，各类高、大、难、异项目层出不穷，不论在数量上或质量上都远远超过了过去，在设计、制造和安装等技术方面都达到较高水平。

实践发现：国内部分工程设计人员的设计经验还不丰富，普遍不熟悉钢结构制作及施工技术，行业内存在依靠钢结构轻质、高强特性，使用不合理的结构和构件形式"硬抗"的设计方案，从而造成社会资源的巨大浪费，也导致施工图中出现诸多不合理之处。

结构的优化设计是要在满足各种规范和特定的结构性能目标的条件下，使结构的成本-效益达到最佳平衡。结构优化设计不是为了降低造价而减小构件截面，而是要根据建筑所处位置、地质条件、气候条件、周边建筑布局、用途、外形和结构形式、制造技术水平、现场施工条件等因素，综合考虑后，对设计方案进行合理性调整，见图3.4。

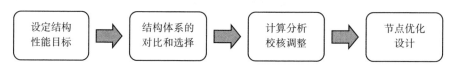

图3.4 优化设计基本步骤

3.2 设定合理的结构目标

3.2.1 结构重要性等级

国家规范、规程和地方法规等均为通用性条款，对于单个项目而言，还需要根据项目规模、用途、重要性程度等，对结构性能目标进行针对性细化，以满足该项目本身的需要。

建筑结构设计时，应根据结构破坏可能产生后果（危及人的生命、造成的经济损失、产生的社会影响等）的严重性，采用不同的安全等级，且应结合建筑设计使用年限，选取合适的结构重要性系数γ_0。结构极限状态受力性能应满足下式要求：

$$\gamma_0 \times S \leqslant R \qquad (3.1)$$

式中：γ_0——结构重要性系数。

    S——承载能力极限状况下，作用组合的效应设计值：对非抗震设计，应按作用的基本组合计算；对抗震设计，应按作用的地震组合计算。

    R——结构构件的抗力设计值。

建筑结构安全等级的划分应符合表3.1的要求。

表3.1　建筑结构安全等级及重要性系数取值

钢结构类型	破坏后果	安全等级/设计使用年限	结构重要性系数γ_0
重要的	很严重	一级/100年及以上	1.1
一般的	严重	二级/50年	1.0
次要的	不严重	三级/5年	0.9

对特殊的建（构）筑物，其安全等级应根据具体情况另行确定。对设计使用年限为25年的结构构件，各类材料结构设计规范可根据情况确定结构重要性系数γ_0的取值。

此外，结构设计之前，还应根据建筑遭受地震损坏对各方面影响后果的严重性，从抗震设防的角度对结构进行分类，并按照相关规范的规定，对结构和构件进行抗震设计，并满足相应的构造要求。同时，可以对整个结构或某些关键部位和构件，综合考虑使用功能、设防烈度、结构的不规则程度和类型、结构发挥延性变形的能力、造价、震后的各种损失及修复难度等因素，设定各自的性能化设计目标，提高结构抗震安全性或满足使用功能的专门要求。

3.2.2　设定杆件强度控制的差异性标准

结构杆件的强度按照统一标准控制，不仅经济指标不理想，统一的、过大的安全储备对结构整体安全也会产生不利影响。因此，在结构优化设计中，应根据结构杆件重要性和失效后对结构整体的影响，采取分级控制的原则。对重要结构杆件和薄弱部位的应力比从严控制，对结构次要杆件的应力比可适当放宽，使结构具有多道防线，见表3.2。

表3.2　大跨屋盖工程应力比控制指标

分析工况	杆件应力比控制指标				
	主桁架		次桁架		网壳
	弦杆	腹杆	弦杆	腹杆	
静力分析	0.7	0.75	0.75	0.8	0.8
频遇地震	0.75	0.8	0.8	0.85	0.85
中震弹性	0.9	0.9	1.0	1.0	1.0
罕遇地震	1.0	1.0	允许屈服	允许屈服	允许屈服

3.2.3　设定结构刚度控制标准

设定结构刚度控制标准时，需根据结构功能，特别是外围护系统的构造，确定主结构的变形控制指标。

虽然规范规定作为非结构构件的幕墙及屋面系统应能适应结构弹性变形，但在实际设计中应充分考虑幕墙或屋面对结构变形的敏感程度，设定合理的结构变形限值。当采用轻型屋面时，结构的挠度限值可按规范标准执行；当采用对结构变形较敏感的玻璃屋面时，结构的挠度限制宜从严控制，或幕墙结构应采取特殊构造，以适应结构的变形。

3.2.4　考虑施工影响的合理优化

国内工程设计一般都是以设计状态为基准进行计算分析，较少考虑施工方法和施工顺序的影响，而在项目实施时，由施工单位辅助完成施工过程的影响分析。钢结构施工是结构构件逐步就位并形成整体的非线性的过程，施工方法和施工顺序不同，会在结构构件内产生不同的附加应力，极端状况下会造成构件应力超标或变形过大的情况。因此，建议在设计或优化设计阶段，应拟定钢结构施工顺序，并针对施工吊装、安装方案等进行非线性施工过程受力分析，并根据分析结果对设计方案进行调整。

当钢结构恒载较大时，可以通过限定施工顺序和施工方法，释放恒载在构件内产生的内力。如对于周边采用成品抗震球支座的结构，施工时采用一边固定、另三边支座先不焊接固定，待屋面系统安装完成后再焊接的方法，可以降低构件应力水平，增强设计方案的经济性。

大跨空间结构，如体育场、体育馆等，屋盖桁架跨度较大，需要在混凝土结构上搭设支撑架辅助施工。在优化设计阶段，可以根据施工过程分析结果，提取支撑架底部反力，加大下部混凝土结构的承载能力，以避免后期钢结构施工时需要额外对混凝土结构进行加固。一般而言，利用已有结构作为临时支撑结构时，考虑施工荷载对已有结构进行加大，要比施工后期再加大已有结构更经济，且质量、安全更容易保证。

优化设计时，还应针对施工中长期存在的问题进行改进，通过节点构造等措施，减少施工环节可能出现的质量和安全隐患。如桁架结构设计时，应进行实体放样，避免腹杆、弦杆相交节点处，腹杆出现较大区域重叠，或通过腹杆偏心等方式解决隐蔽焊缝不能施焊的问题。空间相交的主次桁架结构中，可通过次桁架弦杆一端设置套管的方式，解决因相贯口形状的原因导致次桁架不能顺利吊装就位的难题。

3.2.5 特殊节点的选择

抗震设防烈度较高的地区，或大跨度、复杂体系的结构，可采用成品抗震球铰支座，提高结构的抗震性能，避免大震作用下发生破坏。支座节点还可以选用单向滑动支座、双向滑动支座、隔震支座等类型，降低各种荷载及作用在结构杆件内产生的应力，增强结构隔震耗能性能。

对于一些多杆件、小角度相交节点及构造复杂的异形节点，使用钢板或型材焊接时存在操作不便、无法保证加工质量，或存在焊接残余应力较大很难消除时，可以考虑使用铸钢节点代替。铸钢节点采用模具一次浇筑成型，外观优美，过渡顺滑，承载能力较高，但造价较高。

3.2.6 合理优化节点质量要求和节点构造

在当前国内钢结构向高、大、难、异方向发展的条件下，各种复杂、大型、异形节点方案层出不穷。设计人员在设计节点时，因为对工厂制作工艺和行业技术水平的不了解，设计作品往往将焊接要求大幅度提高，如某项目设计说明中规定，除角焊缝外，其他坡口焊缝均要求为全熔透一级焊缝。这种设定一来并无必要且不合理，二来因为施焊角度、施焊空间、部位等因素影响，加工厂经常无法达到该要求。钢结构从业人员不仅要研习行业规范，还需要深入工厂了解加工制造的流程和工艺，从而提高设计作品的质量。

钢结构施工"成也焊接，败也焊接"，设计人员在设计复杂、异形节点时，应注意避免出现密集焊缝、相交焊缝的情况，从构造、工艺的角度出发，选取工艺流程简单、产生焊接残余应力较小的设计方案。

节点优化是项目优化设计工作的重点，结构工程师需与施工图设计人员密切配合，相互交流，使节点传力方式简洁、受力性能优异、制作简单。

3.3 高耸多塔结构方案比选方法

根据试验技术要求，火星低重力模拟试验架结构体系由5个140m高和1个217m高格构式钢管混凝土桁架柱组成，6个塔柱均匀分布在直径116m的圆上，塔架顶部通过内外环桁架连接形成空间结构体系。

3.3.1 塔柱选型

火星低重力模拟试验架与一般塔架最大的不同在于要求具有极高的刚度，塔顶位移在试验荷载下不大于10mm，大大超过现有国家规范要求，按国家规范要求100m高一般塔架的顶部位移不大于1285mm，是高耸结构工艺要求的120多倍，相差两个数量级。结构设计最核心的问题不是构件的承载力，而是如何大幅提高结构刚度。塔架构件选择的通常是型钢和钢管，型钢如角钢一般用于高度较低、刚度要求不高的电力塔和通信塔等；钢管具有较大的截面刚度，一般用于高度较大、刚度要求较高的避雷塔和广播电视塔等塔架结构。

混凝土抗压强度高，但抗弯能力弱；钢材抗弯能力强，但受压时容易失稳而丧失轴向承压能力。在钢管内填充混凝土形成钢管混凝土组合构件能将二者的优点结合在一起，可使混凝土处于有侧限受压状态，其抗压强度可成倍提高，同时混凝土的存在可大大提高构件的刚度，两者共同发挥作用，可以有效提高整个结构体系的刚度和承载能力。此外，混凝土的材料费相对钢材要低得多，因此效费比相对较高。高耸结构水平变形控制极为苛刻，采用钢管混凝土结构是解决这一难题的有效途径。经结构有限元试算初步选型，塔柱采用六管和九管（投放塔）桁架式钢塔架结构，其中钢管立柱内浇筑混凝土，其余杆件采用钢管，如图3.5所示。

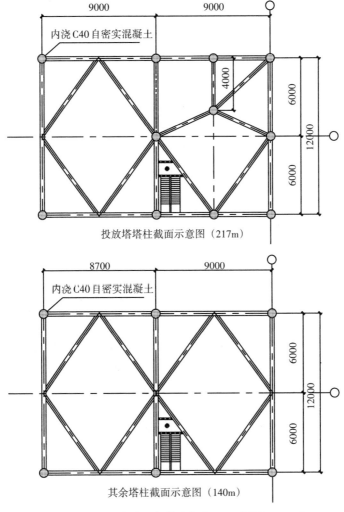

图3.5　火星着陆试验高耸结构截面图（单位：mm）

3.3.2 结构方案比选

结构体系由六个塔柱通过顶部内外环桁架连接成整体，塔柱的截面尺寸、顶部桁架的布置形式等都有多种选择，而且由于投放塔造成结构平面布置不规则，因此从结构性能、空间尺寸、经济性等方面对多种塔柱截面尺寸方案进行比较。

经过初步分析，选取以下三个方案进行计算比较，见图3.6。

方案一：塔柱结构底部平面尺寸18m×9m，非投放塔沿高度线性逐渐收进，140m高塔顶平面尺寸12m×9m；投放塔0～140m平面尺寸18m×9m，140～217m平面尺寸12m×9m；顶部通过环形桁架连接整体。

方案二：塔柱结构底部平面尺寸18m×9m，非投放塔沿高度线性逐渐收进，140m高塔顶平面尺寸12m×9m；投放塔0～140m平面尺寸18m×9m，140～217m平面尺寸12m×9m；顶部通过环形桁架连接整体，70m高度处增加一道环形腰桁架。

方案三：塔柱结构底部平面尺寸18m×12m，非投放塔沿高度线性逐渐收进，140m高塔顶平面尺寸12m×9m；投放塔0～140m平面尺寸18m×12m，140～217m平面尺寸12m×12m；顶部通过环形桁架连接整体。

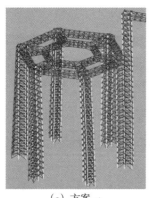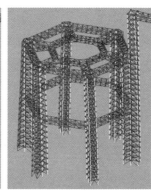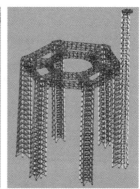

(a) 方案一　　　　　(b) 方案二　　　　　(c) 方案三

图3.6　三个方案结构模型

经模态分析计算，方案一和方案二的第一振型扭转成分分别达到51%和41%，扭转效应明显，而扭转对结构性能影响非常不利。虽然方案二在塔柱中间加了一道腰桁架以增加结构的抗扭刚度，但实际效果不甚理想，一圈腰桁架对整个结构体系的抵抗扭转的贡献并不高，而且又增加了高空安装的工作和难度，说明方案一和方案二的塔柱截面尺寸中塔柱短边尺寸取值偏小。方案三将塔柱截面尺寸中塔柱短边尺寸由9m改为12m，第一振型扭转成分为14%，较方案一和方案二扭转效应大幅降低，塔柱短边尺寸对结构整体刚度影响更大，塔柱结构的高宽比和振型分布也比较合理。因此塔柱截面选用方案三的结果，即塔柱结构底部平面尺寸采用18m×12m。

3.3.3 塔架顶部连接形式确定比选

结合试验要求和结构自身特点，对两种塔架顶部的连接形式方案进行比较分析（见图3.7）。

方案一：内环互连。塔柱顶部通过外环桁架连接，每个塔柱端部的悬挑桁架通过内环桁架连接成整体，形成空间结构体系。

方案二：交叉互连。塔柱顶部通过外环桁架连接，每个塔柱与对面塔柱通过桁架连接成整体，形成空间结构体系。

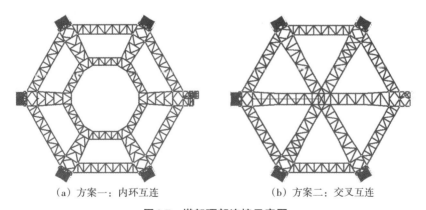

(a) 方案一：内环互连　　　　　　(b) 方案二：交叉互连

图3.7 塔架顶部连接示意图

两种方案中外环桁架采用了直线型桁架，加工制作和安装难度均较弧形桁架降低，传力直接，并能体现出一种力量的美感。

表3.3 两种顶部连接方案计算结果

编号	变形 / mm		用钢量 / t	混凝土用量 / m³	T_1 / s	T_2 / s	T_3 / s
	水平	竖向					
方案一	7.2	5.7	5580	2300	2.36 (21%)	2.22 (0%)	1.95 (60%)
方案二	6.6	5.2	5650	2300	2.34 (24%)	2.20 (0%)	1.93 (58%)

通过计算比较，两种方案变形均能满足试验要求，刚度和振型比较接近，但方案二的钢材用量比方案一略大，见表3.3。

通过对内环和外环杆件进行调整，分别计算分析以了解内环和外环刚度对结构整体刚度的影响。

表3.4 内环、外环多种模型周期比较

模型 / m	T_1 / s	T_2 / s	T_3 / s
原模型	2.68	2.37	1.78
外环不变，内环219×12	2.72 (1.5%)	2.42	1.78
外环不变，内环60×6	2.74 (2.2%)	2.52	1.77
外环不变，去掉内环	2.78 (3.7%)	2.66	1.79
内环不变，外环219×12	2.75 (2.6%)	2.42	1.78
内环不变，外环60×6	2.93 (9.3%)	2.45	1.76
内环不变，去掉外环	3.25 (21.3%)	2.50	1.76
去掉内环，外环219×12	2.82 (5.2%)	2.73	1.79
去掉内环，外环60×6	3.11 (16%)	3.07	1.80

由表3.4可以得出以下结论：

① 内环刚度的变化对结构整体刚度的影响很小。

② 外环刚度的变化对结构整体刚度的影响较大。

③ 外环对结构整体刚度的贡献起主要作用，内环对结构整体刚度贡献很小。

由表3.4可知，去掉内环只有外环时，结构刚度仅下降3.7%，也就是说内环对结构刚度贡献基本可以忽略，这对方案二去掉交叉桁架后同样适用。因此采用内环互连还是交叉互连的方式其实对结构整体刚度的影响并不大，但交叉桁架的相交处受力最大，而且节点处理非常复杂，有一定的技术风险。

综上所述，塔架顶部的连接形式采用方案一，即内环互连的形式。而结构最终方案为钢管混凝土塔柱+顶部内外环桁架互连的空间结构体系，如图3.8所示。

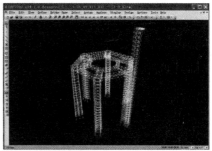

图3.8　结构最终方案示意图

3.3.4　多种软件计算对比

因为塔架为高耸结构，而工艺要求的塔顶位移只有10mm，极为苛刻，而且对试验的精度影响重大，甚至关乎试验的成功与否。为确保计算分析的正确，分别采用了3D3S、SAP2000、PMSAP计算软件对最终方案（内环互连）进行计算对比，见图3.9和表3.5。

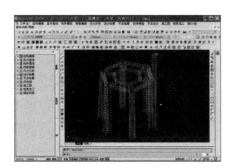

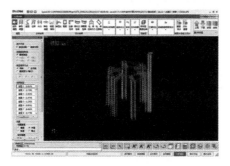

图3.9　多种软件计算分析

表3.5　三种软件计算比较表

软件	塔顶位移 / mm	T_1 / s	T_2 / s	T_3 / s
3D3S	5.87	0.79	0.62	0.411
SAP2000	5.81	0.78	0.61	0.423
PMSAP	5.92	0.78	0.61	0.423

模型一致的条件下三种软件各项控制指标计算值接近，误差在2%之内；设计中取三种软件的位移较大值进行控制。

3.4　高耸钢结构体系的性能特点

对高耸钢结构体系塔架的刚度有硬性要求，对高耸结构体系的建造、安装时间和周期也有刚性要求。根据总体技术及工程建造要求，对塔架主体结构选型进行详细的研究和分析，解决了高刚性塔架对毫米级变形限值的苛刻要求并易于工程实施；整体外形美观大方、比例协调、刚柔相济，体现出一种结构美学。除此以外，钢结构体系应具备以下特殊性能。

3.4.1　结构体系的抗震性能

本工程所在地区抗震设防烈度为8度，设计基本地震加速度值为0.2g，设计地震分组为第二组，场地土类别为二类。地震作用下的塔顶侧移 $[u]$≤H/250。

本构筑物采用管桁架六边形体，整体性强，结构稳定性较一般高耸结构强。通过刚度较高的6个钢混凝土格构柱同混凝土基础连接形成平面类似蜂巢形状的空间六棱柱体，进一步加强了钢结构体系的整体性和稳定性。六棱柱体能够承受较大的冲击，从结构体系上提高了对地震纵波和横波冲击的承受力，因而能有效地减小地震的破坏力。同时，计算机的模拟仿真，为钢结构体系提供了理论上的保证。

3.4.2 钢结构体系的抗风性能

本工程所在场区基本风压取值 $0.50kN/m^2$，试验风速 2.8m/s，地面粗糙度类别为 B 类。风荷载作用下（基本风压）的塔顶侧移 $[u]{\leqslant}H/100$。

火星低重力模拟试验平台主体结构在地形上处于风口，因此，钢结构体系的抗风性能是工程设计的重点之一。

高耸结构的抗风计算在工程设计中是一项重要的内容，风荷载是高耸结构的一项重要荷载，对结构设计常常起着控制作用。针对火星低重力模拟试验平台主体结构的风荷载计算问题，提出了具体的风荷载计算方法，最终得到每一计算单元的风荷载集中力，把集中力平均分配至计算单元各节点上，将各集中力手动施加至结构分析模型中参与结构整体受力计算和分析，通过计算分析，选取合适的构件尺寸满足结构安全性要求。

3.4.2.1 风荷载的取值计算

该构筑物属于大跨高耸结构，风荷载起控制作用，风荷载的取值对结构的计算分析至关重要。

该结构的计算分析软件为 SAP2000 14 和 3D3S 11.0，该两款软件均有自动施加风荷载的功能，即在手动指定风荷载作用面的情况下，软件自动计算出结构的风荷载并同时将风荷载施加在结构上，此种情况适用于规范里规定的几种简单规则结构形式，该构筑物结构形式较复杂，且不属于规范中规定的几种结构形式。鉴于此，该构筑物的风荷载依据相应规范中类似结构构件风荷载计算方法进行手动计算，并将计算出的各构件或部位风荷载手动施加于结构计算分析模型中，具体的计算过程如下。

该构筑物在 140m 高处即上部桁架梁梁顶处的平面示意图如图 3.10 所示。本工程考虑 2 个方向的风荷载作用，分别是 X 向和 Y 向。考虑几何对称性，在风荷载作用下相同风荷载的构件编为同一编号。风荷载计算的总体思路是分别对组成结构的各部分（格构柱和桁架梁）风荷载单独进行计算，风振系数、风压高度变化系数、风荷载体型系数等依据《建筑结构荷载规范》和《高耸结构设计标准》进行计算，各系数乘以基本风压及相应风向下的净投影面积即是风荷载值。

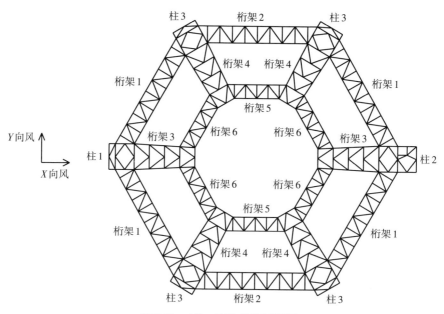

图3.10　140m高处结构平面图

3.4.2.2　格构柱风荷载计算

取每一层格构柱（7m）为单元进行计算，即柱1和柱3均分为20个竖向格构柱单元，柱2分为31个竖向格构柱单元，对每个单元的风荷载分别进行计算。柱1（柱3）和柱2的正立面和侧立面图如图3.11所示。

根据《建筑结构荷载规范》式（8.1.1-1）可知，风荷载标准值 $\omega_k = \beta_z\mu_s\mu_z\omega_0$，$\beta_z$ 和 μ_z 均能按照荷载规范的相应公式计算得出，在此不再赘述。重点阐述风荷载体型系数 μ_s 的取值。《建筑结构荷载规范》表8.3.1第35项中对规则塔架结构整体计算时采用的风荷载体型系数进行了规定，即根据塔架平面轮廓形状、风向和挡风系数查表。本工程在塔架平面布置上较规范中塔架多出一道竖向桁架，因此，在计算塔架整体体型系数时不能完全按照规范中的规定进行计算查表。

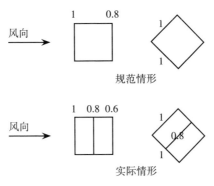

图3.11 风荷载计算示意图

根据实际风荷载的作用机理，先计算出规范中塔架的整体体型系数，根据公式 $\omega_k = \beta_z \mu_s \mu_z \omega_0$ 计算出塔架的风荷载，然后再根据风向与塔架的位置关系乘以相应的调整系数，最终得出塔架的实际风荷载。作用在镂空塔架结构上的风荷载的大小主要与外轮廓迎风面杆件挡风面积及周围临近杆件遮挡的有利作用有关。鉴于此，如图3.11所示，在规范情形中，当风向与塔架垂直时，假设迎风面所受风荷载的大小为1，考虑它的遮挡作用，背风面所受风荷载的大小为0.8。在本工程实际情形中，当风向与塔架垂直时，最前部的迎风面所受的风荷载大小也为1，考虑前面构件的遮挡作用，假设后面每道受荷杆件的风荷载大小依次为0.8和0.6，则按规范情形计算出的风荷载大小为1+0.8=1.8，而按照以上假设，实际情形结构所受的风荷载大小为1+0.8+0.6=2.4，即实际情形较规范情形风荷载增大了约1.33倍，为安全考虑实际取1.4倍。同理，当风向与塔架斜交时，假设塔架风荷载整体计算时外轮廓每个迎风面的风荷载值如图3.11所示，即实际情形较规范情形风荷载增大了1.4倍。按照规范情形计算出的风荷载值乘以相应增大系数，即实际情形塔架所受风荷载。

按照以上计算规则，限于篇幅现只列出柱1在X向风荷载作用下的风荷载数值，如表3.6所示。

表3.6　X向柱1风荷载标准值计算

层号	高度 / m	μ_z	μ_s	β_z	挡风面积 / m²	风荷载标准值 / kN	调整后（×1.4）/ kN
1	7	1.00	1.43	1.07	18.93	14.49	20.28
2	14	1.11	1.43	1.06	18.93	15.89	22.25
3	21	1.25	1.43	1.11	18.93	18.76	26.27
4	28	1.36	1.43	1.15	18.93	21.23	29.72
5	35	1.46	1.43	1.24	18.93	24.43	34.21
6	42	1.54	1.43	1.32	18.93	27.48	38.47
7	49	1.61	1.43	1.40	18.93	30.55	42.78
8	56	1.68	1.43	1.48	18.93	33.55	46.97
9	63	1.74	1.43	1.57	18.93	36.97	51.75
10	70	1.79	1.43	1.66	18.93	40.33	56.46
11	77	1.85	1.45	1.76	17.51	41.11	57.55
12	84	1.90	1.45	1.85	17.51	44.37	62.12
13	91	1.94	1.45	1.95	17.51	47.80	66.92
14	98	1.99	1.45	2.04	17.51	51.30	71.82
15	105	2.03	1.45	2.19	17.51	56.22	78.71
16	112	2.06	1.45	2.34	17.51	61.10	85.53
17	119	2.10	1.45	2.38	17.51	63.09	88.33
18	126	2.13	1.45	2.41	17.51	65.08	91.12
19	133	2.17	1.45	2.50	17.51	68.63	96.08
20	140	2.20	1.45	2.59	17.51	72.17	101.04

　　在根据《建筑结构荷载规范》表8.3.1第35项计算塔架整体体型系数时，一个重要工作是计算挡风系数。在风向与塔架正交时由于迎风面上所有构件在一个平面上，计算挡风系数比较容易。在计算风向与塔架柱斜交时的挡风系数时存在一定难度。本工程采取如下计算挡风系数的方

法，供类似工程项目参考使用。

首先利用AutoCAD三维建模功能建立塔架柱的三维模型，将斜交柱的两个迎风面单独分离出来，如图3.12所示。然后根据风荷载的方向，将所有构件沿风荷载方向的坐标值均改为任一同一数值，得到的构件平面即为迎风面在该风向上的投影轮廓，如图3.13所示。然后在此平面上计算出迎风面的挡风系数。

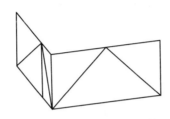

图3.12　两个平面上的构件

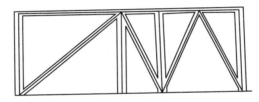

图3.13　同一平面上的构件

按照以上方法，可以计算出所有柱在各风向下的风荷载值。

3.4.2.3　桁架梁风荷载计算

桁架梁整体的体型系数依据《高耸结构设计标准》表4.2.7进行计算，风压高度变化系数及风振系数依据《建筑结构荷载规范》相应章节进行计算。本工程中，桁架梁与规范中桁架梁的类型基本一致，可以按照规范中方法进行计算，在此不再赘述。桁架梁1在X风向作用下的风荷载计算见表3.7、表3.8。

表3.7　风向与桁架梁1垂直时的体型系数

挡风面积 / m²	轮廓面积 / m²	挡风系数	体型系数	体型系数（圆管折减后）
64.91	300.48	0.216	2.378	1.43

表3.8 X风向时桁架梁1风荷载

方向	μ_s	μ_z	β_z	挡风面积 / m²	风荷载标准值 / kN
垂直桁架	0.57	2.20	2.45	64.91	100.53
平行桁架	0.12	2.20	2.45	64.91	21.01

将每一单元手算的风荷载集中力平均分配至各节点上，X 向和 Y 向风荷载在 3D3S 软件中的施加如图 3.14、图 3.15 所示。

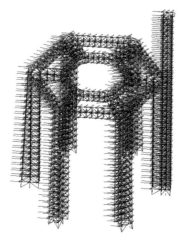 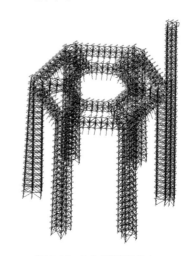

图 3.14　X 向风荷载施加　　　　图 3.15　Y 向风荷载施加

3.4.2.4　塔架柱桁架梁风荷载特殊效应探讨

本构筑物结构形式复杂，不是单一的塔架柱或者桁架梁结构，风荷载计算量非常大，在计算软件中手动施加风荷载也非常烦琐。一个工程风荷载的计算方法不是唯一的，比如塔架柱计算风荷载时将每一层（7m）作为一个计算单元，如果以每两层为一个计算单元，计算量就会减少一半，但因本工程属于大尺度大规模的重要性构筑物，为了计算的相对精确性选取最小的层单元为一个计算单元。其他工程可以根据工程重要性和规模等不同选取不同的分段单元。同时，在对局部次要构件或部分进行计算时，在保证结构设计安全的前提下也可以利用近似性进行简化计算。

本工程是由6个塔架柱和18个桁架梁连为一体的复杂连体结构，且属于高耸大跨结构。在计算单一塔架柱或者桁架梁的风荷载时，虽然塔架柱与规范规定的塔架形式有所不同，但可以偏于保守乘以相应的放大系数进行考虑。而由多个塔架柱和桁架梁连为一体的结构形式，在计算风荷载时无法考虑各单元之间的遮挡作用或者耦合作用，尤其在140m高处多个桁架梁在同一个水平面内，相互之间的遮挡效应更强。

为便于风荷载加载，本工程将每一单元的计算风荷载集中力平均分至该单元的每个节点上。然而，实际风作用于结构上时风荷载的具体分布有待做进一步研究，如迎风面和背风面上节点的风荷载大小应该是有区别的。

综上所述，本工程结构风荷载计算中采取了一系列的近似计算，在一定程度上可以满足结构安全性设计，但考虑到工程造价及复核计算，有必要开展风洞试验研究。

事实上，本工程在实际运营中对风荷载的敏感程度值得进一步研究。

3.4.3 钢结构体系的风洞试验研究

《建筑结构荷载规范》规定，对于重要且体型复杂的房屋和构筑物，应由风洞试验确定风荷载计算的相关取值。

火星低重力模拟试验架为大跨高耸空间钢结构体系，体型复杂、结构高度高、跨度大、整体结构相对较柔，对风荷载作用效应敏感。结构支撑柱、顶层联系梁均采用格构式钢桁架形式，风荷载体型系数等参数取值困难。结构由6根塔柱支撑而成，在风荷载作用下，塔柱间以及桁架结构的各弦杆和腹杆间均存在相互的干扰效应，结构受风作用机理极为复杂，抗风安全问题突出。此外，这类对风荷载作用效应敏感的结构，在低阻尼条件下还可能会出现较大的风致振动，结合风洞试验和动力计算结果对此类结构进行结构风振响应分析十分必要。

3.4.3.1 研究方法

风洞试验，是指依据运动的相对性原理，将模型固定在地面人工环境中，人为制造气流流过，模拟模型在空气中的状态，获取试验数据。进行模型试验时，应保证模型流场与真实流场之间的相似，即保证模型与实物几何相似以外，还要保证两个流场有关的相似准数，如雷诺数、马赫数、普朗特数等对应相等。

风洞试验模型分为刚性模型和气动弹性模型。刚性模型在风的作用下不会产生较明显的振动和变形；气动弹性模型通过天平测力试验得到结构的气动力系数，进而确定结构的体型系数，该方法不仅模拟风环境和结构外形，还模拟结构的动力特性。

风洞试验根据测试方法的不同，研究手段主要有高频压力积分试验、高频测力天平试验、两自由度摆式和多自由度气弹模型试验。对于较大体量的具有外壳结构的建筑物的研究多考虑风洞测压试验。相较于测压试验，高频测力天平风洞测力试验技术在结构模型制作的容易度上具有明显优势，同时降低试验成本也便于数据处理，固有频率、灵敏度都非常高。该技术与测压技术目前已经成为实际工程应用中用来确定结构风荷载的主要方法，被广泛应用于高层建筑、高耸结构的抗风试验研究。该方法不足之处在于，需要在计算中再考虑气动阻尼和非理想振型的修正，而气动阻尼的准确值很难得到。国内学者采用风洞试验针对高耸钢结构进行了大量的风洞试验，得到了有益的反馈结果。

本构筑物结构尺寸大且梁柱均为格构式构件，若采用测压试验，模型缩比后大量测压线的布置将大大影响试验结果，故测压试验的方式不适用于本工程，需采用测力试验来进行。

3.4.3.2 试验研究

（1）试验内容

开展风洞测力试验，通过测力试验结果分析确定结构的风荷载体型系数，结合结构动力计算结果进行结构风振响应分析，确定结构的风振系数，给出结构等效静力风荷载分布。

（2）试验方法

① 通过测力天平试验获取底部剪力，确定风荷载体型系数和挡风

面积；

②分别对结构的整体模型和单柱模型开展风洞测力试验，通过整体模型和单柱模型的试验结果分析各塔柱之间的相互干扰效应；

③基于风洞试验获得的时程数据，并结合结构动力计算结果进行结构风振响应分析确定等效静力风荷载。

（3）试验模型

试验模型采用3D打印技术制作。打印材料为树脂，满足测力天平的要求。根据风洞试验设备、测量仪器的参数要求及风场品质，采用1/200比例制作缩尺模型。试验架结构模型如图3.16所示。

图3.16　试验模型照片

（4）试验步骤

在试验过程中，将试验模型安装在试验段转盘中心，通过旋转转盘来实现相对模型的任意风向角。试验时，模型在0~360°范围内每转动10°采集一次数据，根据测量仪器精度和采样频率、风速相似比等因素确定试验风速。模型基底力的采样频率为1000Hz，采样时间为150s。

为了得到每个塔肢及平台的体型系数和挡风面积，整个试验过程分为8个步骤。先对整体模型进行天平测力试验，以获得整体模型的基底剪力；再依次拆除140m高度以上塔柱和下面各塔柱，分别进行天平测力试验，分别获得各塔柱的基底剪力。

将结构风洞测力试验过程中得到的模型基底剪力试验结果换算至足尺结构后分别得到各部分的挡风面积和平均压力系数。

（5）基于风洞试验的结构风振响应分析

利用风洞测力试验得到的塔肢、平台的风荷载分配系数和塔肢、平台的层间风荷载分配系数，对每个风向角情况下的试验架基底剪力进行分配，得到每个塔肢、平台的层间 X、Y 方向风荷载；将 X、Y 方向风荷载平均分配至各层的节点，得到试验架每个节点的 X、Y 方向风荷载。

在平均风荷载作用下，按照静力方法计算结构反应。在脉动风荷载作用下，对结构运动方程进行阵型分解，对每阶振型运动方程进行时程分析，然后进行振型叠加计算，得到节点位移动力响应。

本工程开展的风洞测力试验研究，通过测力试验结果分析确定了结构的风荷载体型系数。基于风洞测力试验获得的时程数据，结合结构动力计算结果进行结构风振响应分析，确定结构的风振系数，给出结构等效静力风荷载分布。此外，对整体模型和单肢柱模型风洞试验及数据分析结果进行对比分析，研究结构的遮挡效应，确定干扰系数等相关风荷载计算参数。风洞试验研究进一步验证和确保了结构的抗风安全性。

3.4.4 钢结构管桁架工程实际受风压面的探讨

3.4.4.1 钢管结构理论风压计算

同一受风压环境中，相同的截面受风压最小的物体是流线型物体，流线型物体在减少风荷载方面应用广泛，典型应用就是闻名于世的高铁动车。由于建筑钢结构风荷载来自四面八方，流线型技术难以得到应用，不仅如此，设计和工程成本也不允许。

本工程管桁架高耸结构在承受风压方面有独到之处：管桁架任何受风面都是镂空的，承风压的面积和理论计算的面积相比大打折扣。而理论上的计算虽然偏于保守，但在应对极端天气时为本工程提供安全运营上的保障，是值得肯定的。

假设风压垂直于钢管轴线，则管架实际受风压的面积应按下式计算：

$$A = 1/2\,\pi\left(D_1 + D_2 + D_3 + \cdots\right)L \tag{3.2}$$

式中：A——管桁架实际受风压面积，cm^2；

　　　　D_1，D_2，D_3，…——管桁架不同管子的直径；

　　　　L——管子的长度（140m，217m）。

圆型构件受风压状态同平面状态有很大的不同，其风压定量不能按平面状态计算。

3.4.4.2 "准流线型效应"的成功应用

管结构截面为标准的圆形，虽然离流线型差距较大，但圆形截面对风压仍然具有"准流线型效应"。分析认为：根据式（3.2），在同一受风压的环境中管桁架相对于BOX、BH结构要小很多，见图3.17。

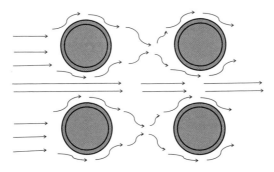

图3.17　管桁架受风压面准流线型效应示意图

图3.17比较直观地反映了管桁架受风压面准流线型效应。根据流体力学相关理论，在受风压面两根管子之间，空气会产生部分紊流，这种紊流除了直接作用于管子表面外，还直接造成风力能量的损失，客观上减少了对第二根管子的风压。同时，平行管子之间空气流动基本为层流，层流速度越快，紊流区的风压也就越小，管子的正面压力相应就变小了。所以应用管桁架抗风荷载是十分明智的选择。

3.5　高耸钢结构系统抗低温脆断能力分析

火星低应力模拟试验平台钢结构工程根据建设地点气候条件和有关

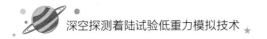

工程经验温差作用取±50℃，系统最低工作温度为-10℃。

火星低应力模拟试验平台钢结构采用Q345B（C）高强度低合金钢，这种钢材在低温下存在由韧性到脆性的转变。如果结构构件在脆性状态下工作，难免发生脆断事故。所以，在低温条件下使用的结构材料，除了要求足够的强度外，必须有良好的韧性。脆性破坏是在低温低负荷下发生的，缺陷和低温是发生脆性破坏的必要条件，而这一切由焊接热传导的方式决定。

材料本身的化学组成、晶格结构、应力集中、杂质比例以及热处理条件、加工情况等，均是影响脆性破坏的重要因素；降低温度、增大应力、使材质恶化等，可能使脆性破坏迅速发生；反之，提高温度、降低应力、使用优质钢材，可避免发生脆性破坏。

因此，材料的最低使用温度和设计应力的确定，应以不发生脆性破坏为主要条件，而冲击韧性特别是低温冲击韧性十分重要。

3.5.1　冲击功和冲击韧性

低温冲击韧性实质上是低温工况下材料在外力作用下抗脆性破坏，抵抗裂纹萌生和扩展的能力。而冲击功和冲击韧性是重要的基础技术指标。

（1）冲击韧度

强度、塑性、硬度等力学性能指标是在静荷载作用下测定的，而许多构件在工作过程中，往往受到冲击荷载的作用。冲击荷载是指在短时间内以很大速度作用于构件或工具上的荷载。对于承受冲击荷载作用的构件，除具有足够的静荷载作用下的力学性能指标外，还必须具有足够的抵抗冲击荷载的能力。

冲击韧性（或冲击吸收能量）表示钢材在冲击荷载作用下抵抗变形和断裂的能力。材料的冲击韧性值随温度的降低而减小，且在某一温度范围内发生急剧降低，这种现象称为冷脆，此温度范围称为"韧脆转变温度"。因此，直接承受动力荷载或需验算疲劳的构件或处于低温工作环境的钢材应具有冲击韧性合格保证。

（2）测试原理

夏比冲击试验是在摆锤式冲击试验机上进行的，利用的是能量守恒原理。试验时，将被测金属的冲击试样放在冲击试验机的支座上，缺口应背对摆锤的冲击方向。将质量为 G 的摆锤升高到 H，使其具有一定的势能 GH，然后让摆锤自由落下，将试样冲断，并继续向另一方向升高到 h，此时摆锤具有的剩余势能为 Gh。摆锤冲断试样所消耗的势能即摆锤冲击试样所做功，称为冲击吸收功，用符号 A_k 表示。其计算公式为

$$A_k = G(H - h) \tag{3.3}$$

试验时，A_k 值可直接从试验机的刻度盘上读出。A_k 值的大小就代表了被测金属韧性的高低，但习惯上采用冲击韧度来表示金属的韧性。冲击吸收功 A_k 除以试样缺口处的横截面面积 S_0，即可得到被测金属的冲击韧度，用符号 α_k 表示。其计算公式为

$$\alpha_k = \frac{A_k}{S_0} \tag{3.4}$$

式中：α_k——冲击韧度，J/cm^2；

A_k——冲击吸收功，J；

S_0——试样缺口处横截面面积，cm^2。

一般将 α_k 值低的材料称为脆性材料，α_k 值高的材料称为韧性材料。脆性材料在断裂前无明显的塑性变形，断口比较平整，有金属光泽；韧性材料在断裂前有明显的塑性变形，断口呈纤维状，没有金属光泽。

低碳钢和低合金钢晶粒度愈细，脆性转变温度愈低。

3.5.2 热循环状态分析

在焊接热循环中，二维热传导和三维热传导的不同状态，是决定是否存在脆性断裂趋势的关键。

在焊接接头中，热交换以传导为主，辐射和对流损失的热量不作分析。因此，在焊接工程中焊接接头的形状、板厚，以及同周围结构的约束，在焊接热循环中，不同条件均可造成不同的应力状态。对于钢结构零部件和体系而言，热焊接性直接影响焊接接头的应力状态。

不同板厚、不同接头形式或坡口形状的传热方向和传热速度不一样，从而对熔池结晶方向和晶粒成长发生影响。结构的形状、板厚和焊缝的布置等，决定接头的刚度和拘束度，对接头的应力状态产生影响。不良的结晶形态，严重的应力集中和过大的焊接应力等是形成焊接裂纹的基本条件。

试验证明，当材料处于单轴和双轴拉应力下，呈现塑性，当材料处于三向拉应力下，则不可发生塑性变形，呈现脆性。在实际结构中，三向应力可能由三维焊接热循环三向载荷产生，也可能是由于几何不连续引起的，设计不佳、工艺不当往往出现局部的三轴状态的缺口效应。因此脆断事故一般都起源于具有严重应力集中效应的缺口处（包括焊接缺欠，特别是裂纹），而试验中也只有这样的缺口才产生脆性行为。

3.5.3　二维热传导

所谓二维热循环状态是平面热传导；在平面坐标系中沿 X 轴、Y 轴方向进行热传导的状态叫二维热循环。在二维热循环状态下，所形成的应力状态是经常碰到的双轴应力，是较零维、一维热循环状态复杂得多的平面应力（双向）状态。习惯认为，极限的二维热传导是传热学上的"薄板"，板愈薄，二维热传导的特点愈突出。

在"薄板"焊接接头的焊接过程中，当焊接温度超过 600℃时，被加热区域发生膨胀，但受到周围温度较低区域金属的约束，热应变伴有塑性压缩，产生压应力；冷却时，伴随收缩产生塑性拉伸，产生拉应力。

对工程实际而言，什么样的钢板叫"薄板"，如何判定实际焊接接头应属于二维或三维传热，一直是工程技术人员研究的问题。在工程实践中，人为制定了一个标准，即板厚 $\delta \leqslant 25.4\text{mm}$（源于 1 英寸）为二维热传导；$\delta > 25.4\text{mm}$ 为三维热传导。这个标准很实用，但不准确，为此引用临界板厚 δ_{cr} 概念：

$$\delta_{cr} = \left[E\eta / c_p \left(T_c - T_0 \right) \right]^{1/2} \tag{3.5}$$

$\delta \geqslant 0.75\delta_{cr}$ 属三维热传导；

$\delta < 0.75\delta_{cr}$ 属二维热传导。

式中：δ——实际板厚，cm；

E——焊接线能量，J/cm；

c_p——定压热容，$c_p = 6.7\text{J/(kg·K)}$；

T_c——C曲线中高温转变的"鼻尖"温度，℃，常取 R_{500} 时 $T_c = 540℃$，
R_{300} 时 $T_c = 300℃$；

T_0——焊接前的预热温度，℃；

η——电弧焊的加热热效率（见表3.9）。

表3.9　电弧焊的加热热效率（焊接结构钢）

焊接方法	SMAW	SAW	GMAW	GTAW
η	0.75 ~ 0.85	0.95 ~ 1	0.8 ~ 0.9	0.3 ~ 0.5

从式（3.5）中可以看出：确定二维或三维热传导，不能仅仅用板厚的指标来确定，而且和焊接工艺密切相关，所以这是一个综合的技术概念。

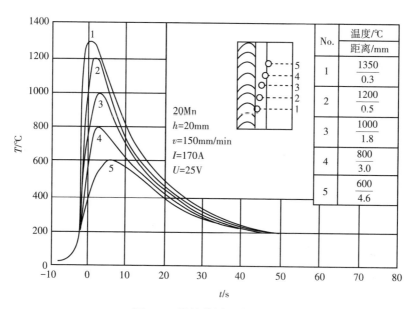

图3.18　焊接热循环试验曲线

图3.18所示试验结果证实：在焊接热循环的作用下，离焊缝越近的

点加热速度越大，峰值温度越高，冷却速度也越大，并且加热速度比冷却速度大得多；"薄板"由室温加热到1100℃时只需4s左右，而从1100℃冷却到500℃需12s左右。

值得注意的是，近缝区加热速度和冷却速度值相差极小，因此，以焊缝边界为代表部位讨论焊接热循环特性具有实际意义；焊接热循环另一个重要特征是在最高温度处保持时间十分短促，只不过几秒或十几秒，冷却速度很快，几乎相当于热处理的淬火处理速度。这是工程技术人员在实际工程中最为关注的问题。

3.5.4 三维热循环状态

在立体坐标系中沿X、Y、Z轴方向进行热传导的状态叫三维热循环状态，也可以理解为两个或两个以上二维热传导的组合。

焊接接头在三维热循环状态下所形成的应力场属三轴应力。钢材和焊缝在三维应力作用下，呈现脆性，焊接接头有可能在远低于σ_s的应力作用下发生脆性断裂。在建筑钢结构焊接工程中，钢板的厚度不是判断三维热传导的唯一标准，有很多钢板厚度不大但焊接接头节点组成复杂，也是三维热传导，所形成的应力状态属三轴应力。

超过临界板厚δ_{cr}的对接焊缝属三维热传导状态。

如前所述：当$\delta \geqslant 0.75\delta_{cr}$（$\delta \geqslant 25.4mm$）焊接接头属三维热传导。在钢结构焊接工程中，在相同或相似的焊接环境下，采取热输入量基本一致的焊接工艺，钢板的厚度才是决定是否为三维热传导的关键所在。一般来说，实际板厚δ超过临界板厚$0.75\delta_{cr}$（$\delta \geqslant 25.4mm$）焊接接头所形成的三轴应力场就随钢板的厚度变化而变化：钢板愈厚三轴应力场愈强，反之则弱；如果焊接接头处在低温环境，焊接对象又是淬硬倾向较强的钢材，那么焊接接头发生脆性断裂的可能性就大。研究人员曾经把45mm的钢板通过加工制作成板厚为10，20，30，40mm的钢板，研究不同板厚所造成不同应力状态对脆性破坏的影响，发现在预制40mm长的裂纹和施加应力等于$1/2\sigma_s$的条件下，发生脆断的脆性转变温度随板厚增加而直线上升。

理论和实践都证明:在建筑钢结构体系的设计中,不是钢板愈厚愈好,采用厚度合适的钢材,有利于钢结构系统初始应力状态,也是有效防止焊接接头脆性断裂的措施之一。

根据以上阐述,在钢结构焊接接头中,焊缝的表面质量对脆性断裂有很大影响,表面质量好,焊接接头的缺口效应小。高质量的表面质量能够消灭缺口效应,这对防止脆性断裂十分有利。

3.5.5 钢结构焊接工程失效分析

事实上,钢结构焊接工程失效有多种原因,如表3.10所示。

表3.10　钢结构焊接工程失效原因

影响后果		表现特性	裂纹	变形	精度	泄漏	工艺缺欠	剥离	应力集中	剩余应力	脆化	腐蚀	硬化	氢脆	时效
失效原因	设计	外载算错	○							◎					
		局部应力算错	◎						◎	○					
		接头形式错误	○	○	○	○	○	○	○			◎			
		形状不连续	○						◎						
		选材错误	○								○	◎			◎
		未注意材料各向异性					◎			○					
		使用条件认识不足	○							○	○			◎	○
		退火的确定不当	○							○	◎	◎			
	施工	焊工技术不良	◎	◎	◎	◎	◎		○			○			
		焊接工艺错误	◎						○	○					
		拘束度过大	◎						○	◎					
		材料加工不当	◎							○		○	○		
		自由端处理不当	○					○	○		○	○			
		热处理错误	○	◎	◎					○	○		◎		

表3.10（续）

影响后果	表现特性		裂纹	变形	精度	泄漏	工艺缺欠	剥离	应力集中	剩余应力	脆化	腐蚀	硬化	氢脆	时效
失效原因	材料	材质不良	◎								○	○	○		
		焊接性不良	◎					◎			○				
		材料管理有误	○								○	○			
破坏类型		疲劳破坏	◎					○		◎			◎		
		低周疲劳破坏	◎					○		◎			◎		
		延性断裂	◎					○		◎	○				
		脆性断裂	◎					○		◎	◎		◎	○	
		蠕变断裂	◎					○			○			○	○
		压曲失稳		◎							○				
		凹损		◎											
		腐蚀	◎												
		应力腐蚀开裂	◎							◎					
		泄漏	◎					○							○

注：◎表示直接因果关系；○表示间接因果关系。

（1）从建筑钢结构设计步骤上找结构失效的原因

①如果建筑钢结构局部应力算错、钢结构形状不连续，会造成钢结构的应力集中，进而又产生疲劳破坏、低周疲劳破坏、脆性断裂等。

②建筑钢结构外荷载算错，是导致焊接接头脆化的原因之一。

③建筑钢结构焊接接头的形式错误，是造成焊接缺陷，特别是层状撕裂的主要原因。

④如果设计中选材错误，无论是受力结构或者联系结构，都给钢结构焊接工程带来致命隐患。

（2）从施工方面找原因

①焊工技术不良、焊接工艺错误，会造成钢结构焊接工程中焊接接

头以裂纹为代表的各类焊接缺陷，进而影响钢结构焊接接头的寿命。

② 因焊接工艺不当造成的焊接接头的拘束度过大，会造成焊接接头的应力集中，进而产生裂纹。

③ 焊接材料选择错误，或者焊接材料品质较差，会导致焊接接头综合性能下降。

④ 焊接材料管理失误，会造成各类焊接缺陷。

不可否认，脆性断裂是钢结构焊接工程失效的主要形式之一。

3.5.6 结论

塑性材料与脆性材料的分界线为5%的延伸率，即断裂前延伸率大于5%的材料为塑性材料，小于5%的材料为脆性材料。碳钢的塑性随着温度的下降，延伸率从20%~30%跌到5%以下，显然，这些材料抗低温脆断能力低。

火星低重力模拟试验平台钢结构设计选择材质主要为Q235B和Q345B，钢材的屈服强度与抗拉强度实测值的比值不应大于0.85，钢材应具有明显的屈服台阶，且延伸率应大于20%；具有良好的可焊性和合格的冲击韧性，具有一定的抗低温脆断的能力。

更重要的是，本工程管结构最大厚度为22mm（钢管混凝土），是典型的二维热传导，小于经验临界板厚25.4mm，属"薄板"工程。在这种状态下，是平面应力（双向应力）状态，钢材及焊缝的韧性能够得到有效的发挥，能使钢材性能在低温环境中正常发挥，加上钢管内要浇注混凝土，强度、韧性及热容量都大大加强，因此这种构件能够有效防止低温脆断发生。

4 三维随动装置

4.1 概述

三维随动装置用于在地面模拟地外天体重力环境。在深空探测任务中，探测器面临的工作环境特点之一是低重力，由此带来许多与地球重力环境不同的力学问题，需要在地面进行预先研究，验证探测器在地外进行着陆缓冲过程中的关键技术。航天器在地外飞行过程中的动力学特点不仅是飞行速度极大，而且由于空气及重力的缺失或减小，其加速度指标也较大，这就给三维随动装置的研制带来困难。如何在地球重力场及空气动力学环境下，既能覆盖有效试验行程，又能满足速度及加速度指标，是三维随动装置的研制关键技术。

模拟低重力场是探测器着陆缓冲试验中的重要问题，通过外力抵消探测器部分重力的模拟方法称为重力补偿。与空间机械臂及太阳帆板等空间装置的低重力环境模拟不同，针对探测器研发的三维随动装置属于大范围重力补偿系统，随动跟踪范围通常大于20m×20m。为实现低重力模拟环境，装置主要包括拉力调节分系统和位置跟踪分系统。拉力调节分系统产生恒定的补偿力，通过吊索将补偿力作用于探测器。位置跟踪分系统搭载拉力调节分系统，跟踪探测器在水平面内的投影以保持吊索垂直。理论上，三维随动装置的行程不仅应覆盖探测器的有效行程，还应考虑探测器以最大速度运行至边界处的紧急刹车距离；而为了满足随动控制要求，三维随动装置的运行速度及加速度均应大于探测器相应指标的1倍以上。另外，三维随动装置还应具备完善的信号采集与反馈功能，对拉力、空间位置、姿态、俯仰、速度以及电机输出扭矩等状态参数进行实时采集与分析。

4.2　国外低重力模拟三维随动技术的发展与特点

自20世纪60年代美国启动阿波罗计划以来，世界各主要航天大国均以不同方式开展探测器的低重力环境模拟试验。而用于模拟低重力环境的三维随动技术主要经历了以下发展过程。

4.2.1　飞行试验台

利用飞机改造的飞行试验台进行抛物线飞行可创造微重力和低重力环境。飞行试验台能够创造可重复实现的失重环境，失重时间可达20～30s，重力加速度达到10^{-2}～10^{-3}m/s^{2}的水平，是微重力研究较为理想的实验平台。

苏联在20世纪50年代开始启动月球探测计划，于1970年发射的Luna17探测器携带了人类历史上第一辆月面巡视探测器Lunokhod1。为了获得1/6重力环境，苏联方面将相关试验台安装在飞机上，利用飞机加速下降过程造成短时失重效应，从而近似模拟月表重力环境，并对简化模型进行相关试验，为Lunokhod1的设计提供依据。飞行试验台受机内空间及试验时间的限制，只能对缩比模型或探测器的关键组件开展低重力试验。

4.2.2　悬吊平衡装置

苏联在探测器研制过程中还建设了室内的综合试验场并开展了综合试验，如图4.1所示。试验场占地面积50m×50m，其中建有月表地形地貌的模拟系统，主要模拟月球环形坑、沟壑和岩石等。场地中铺设环形轨道，供悬吊机构随探测器移动。

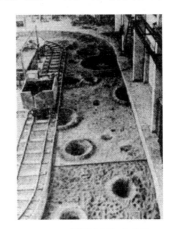

图4.1　模拟月貌试验场

该场地开展的试验项目主要有移动性能试验、遥控操作试验、探测器的导航和避障试验等。在移动性能试验中，考虑了对月表低重力环境的模拟，主要途径是采用悬吊平衡，即在垂直方向平衡探测器5/6的重力，从而模拟月表低重力，模拟原理如图4.2所示。悬吊装置安装在环形导轨上并能够与探测器的运动保持同步。

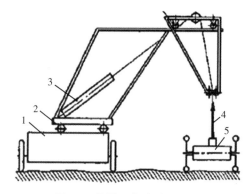

图4.2 悬吊平衡试验原理图

1—滑车；2—轴承；3—带恒定推力的圆柱；4—绳索；5—月球探测器

该系统只能提供有限范围内的三维随动能力，可适应略有起伏的月表环境，同时月球车行进速度一般较低，加减速能力有限，因此对三维随动系统的性能要求不高。

4.2.3 动力式飞行器

相比于月球车，月球探测工程中的着陆器具有质量大、速度高及垂直方向运动范围大的特点。为此，美国于1964年研制了月球着陆研究飞行器（LLRV），用于阿波罗计划中月球探测器的低重力模拟主动飞行试验。该飞行器底部垂直安装了一台涡轮风扇发动机，所产生的18.6kN的推力用于抵消模拟5/6的重力，其余1/6的重力则由两枚使用过氧化氢的主火箭支撑。两枚火箭的推力在0.4~2.2kN可调，从而控制探测器的上升、下降和水平运动。另外，还有16个小型过氧化氢姿态发动机用于控制探测器的倾斜、偏航和滚动。上述运动均由乘坐于飞行器之上的飞行员进行操控。

2010年，美国航空航天局（NASA）为"机器人月球着陆器项目"（RLLP）研制了新型机器人着陆器，并在马歇尔空间飞行中心（MSFC）进行了一系列试验。该着陆器的低重力模拟试验同样应用了主动飞行原理，利用一台垂直安装的主发动机抵消部分重力，同时配置了着陆发动机及姿态控制发动机用于着陆及姿态控制。在试验过程中自主上升进行1.83m的悬浮，然后下降进行可控制的软着陆，如图4.3所示。

图4.3　NASA机器人着陆器的自由飞行试验

4.2.4　龙门吊式三维随动系统

为开展阿波罗计划月球着陆器的地面低重力试验，美国NASA的兰利研究中心建设了基于龙门吊车的三维随动系统。该装置高73m，长117m，通过大车及小车的二维水平运动及提升机构的垂向运动，实现了对着陆器的三维随动及5/6重力卸载。

美国洛克希德导弹和空间公司的Huntsville工程研究中心建立了月球重力模拟装置，对月球探测器进行基础设计研究和考核。月球重力模拟装置的设计和实施包括以下几个步骤：

① 确定试验参数，建立月球重力模拟系统和月球探测器的数学模型。

② 悬挂设备和驱动系统的分析和选择。

③ 制造和组装分别装有和不装有驱动悬挂系统的月球重力模拟装置。

④ 进行试验和数据分析。

该试验装置如图4.4所示，水平运动系统分为上下两级。上级运动系统的主体结构为一台龙门式吊车，由一台沿 X 方向运动的大车及一台沿 Y 方向运动的小车组成，可实现 XY 两个方向的大范围移动。小车下部刚性连接一部两自由度运动平台，构成偏航驱动装置，可实现小范围 XY 方向的精确跟踪及定位。两级水平运动系统同步运行既能满足大范围的跟踪，又可提高对探测器在水平方向的跟踪精度。偏航驱动装置底部安装悬挂平台并设置悬挂驱动装置，用于跟踪探测器 Z 向即重力方向位移并提供5/6重力卸载。

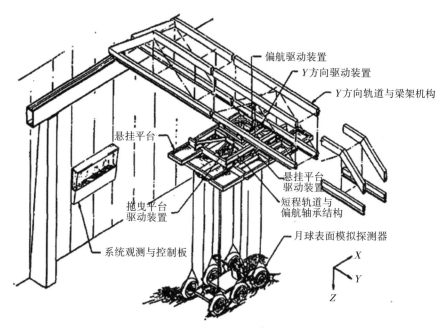

图4.4　Huntsville 工程研究中心月球重力模拟装置

4.3　国内低重力模拟三维随动技术的发展与特点

4.3.1　嫦娥三号探测器低重力模拟三维随动装置

嫦娥三号任务是我国首次开展的月球软着陆探测任务，为保证该任务的可靠实施，研制了配套的大范围三维随动装置，可在嫦娥三号探测器的工作空间内提供月球表面的模拟重力环境，为完成探测器的悬停、避障、缓速下降段地面验证试验提供设备保障。

探测器着陆过程如图4.5所示，在探测器距月球表面100m时，开始悬停、寻找着陆地点。在导航敏感器确定着陆目标点后，探测器进行平移至目标点上空，然后缓速下降。当探测器距月球表面4m时，探测器发动机熄火，接着进行自由落体运动，直到着陆。

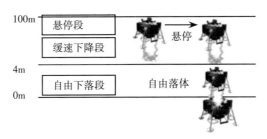

图4.5 嫦娥三号探测器着陆示意图

悬停、缓冲下降段地面验证试验中，三维随动装置首先要提供低重力模拟环境，通过吊绳的拉力来平衡探测器的部分重力，使试验中探测器垂直向上受到的合力与在月面工作状态一致。同时三维随动装置还要具有三自由度跟随运动的功能（1个垂直方向+2个水平方向），要求吊绳跟随探测器的水平运动，以保证试验过程中吊绳满足垂直度要求。其中探测器通过万向节与吊绳连接，以保障探测器俯仰、滚动和偏航的姿态自由度，万向节的安装要保证吊绳拉力方向过探测器的质心。这一试验过程中，要求三维随动装置将吊绳拉力控制在精度要求范围内；同时在探测器水平运动的过程中，跟踪探测器的运动，并保证过程中吊绳对探测器产生的水平干扰力在允许范围之内。

为此研制了如图4.6所示的低重力模拟三维随动装置，为实现多自由度、长行程、大惯量机电系统的高速度、快响应、高精度控制，解决行程长与精度高、惯量大与响应快等相互制约问题，这里采用由粗到精逐级控制的方案，吊绳拉力控制和水平随动控制共分三级：一级随动子系统实现粗控制，完成大范围的移动和跟踪；二级随动子系统的主要目的是进一步提高系统的快速性和控制精度，为三级精确控制做准备，并提供适当的控制能力冗余，以降低技术风险；三级随动子系统实现拉力、位置跟踪的精确控制。由于三级系统的行程、质量等逐级减小，响应速度和精度逐级提高，这种递阶控制设计方法一方面可降低设计制造的技术难度，减少制造、维护成本；另一方面又可提高整个系统的控制精度、快速性和精度保持性。

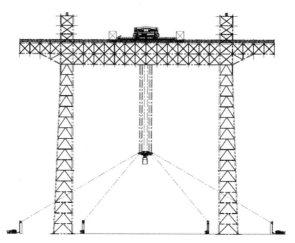

图4.6 嫦娥三号探测器低重力模拟三维随动装置示意图

三级随动子系统通过柔性索悬挂于二级随动子系统之下，受惯性作用，当探测器速度变化时，其运动控制不易稳定。为保证三级随动子系统控制刚度，我国在低重力模拟试验系统中首次研制了随动装置刚度稳定系统，由地面向三级随动子系统引出6根斜拉索，通过实时控制拉索张力，保证三级随动子系统的结构体在试验空间任意位置的随动控制刚度。

4.3.2 嫦娥五号探测器低重力模拟三维随动系统

与嫦娥三号探测器相比，嫦娥五号探测器低重力模拟三维随动系统除需保障探测器的悬停、避障、缓速下降段地面验证试验外，还需进行起飞器的起飞验证试验。三维随动装置要实现水平两自由度大范围地跟踪探测器运动，最大跟踪速度为3.9m/s，最大加速度为1.7m/s²，跟随过程中还应满足吊绳绝对倾角和拉力的高精度要求；更重要的是要跟踪起飞器垂直方向大范围的高速移动，且最大跟踪速度可能达到7.8m/s，最大加速度为2.6m/s²。为此研制了如图4.7所示的三维随动装置。

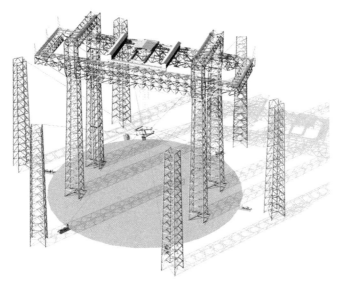

图4.7 嫦娥五号探测器低重力模拟三维随动装置示意图

该三维主随动装置采用并联驱动的方式实现对快速随动系统大范围运动的控制和对探测器垂直大范围粗跟踪误差的补偿，同时完成对制造误差的补偿，补正运动过程中由于塔架的制造和变形引起的系统误差，减小快速随动系统水平运动平台的倾斜。驱动系统由18组大功率交流伺服电机、减速机、滚筒、钢丝绳组成，被分为3组并分别安装在由6根75m高的钢结构组成的塔架主体结构上，其中1组位于塔架上端，另外2组位于塔架下端。新增6根钢丝绳出绳点位于75m高，与塔架中心水平距离70m对称分布。经分析，此装置水平刚度在整个试验空间中基本保持在2000N/mm以上，仅在快速随动系统位于80m高时略小，约为1800N/mm，可保证探测器低重力模拟验证试验的控制精度要求。

4.3.3 火星探测器低重力模拟三维随动装置

上述探测器低重力模拟三维随动装置大部分基于龙门式吊车进行研

发，为提升控制刚度，局部应用了并联索驱动技术。我国在火星探测器低重力模拟三维随动装置的研制中，首次全系统应用了并联索驱动技术，可实现多自由度、长行程、大惯量机电系统的高速度、快响应、高精度控制，解决了行程长与精度高、惯量大与响应快等相互制约问题。该装置采用由粗到精逐级控制的思路，吊绳拉力控制和水平随动控制各分二级，如图4.8所示，由快速随动子系统、并联索驱动子系统等组成。并联索驱动子系统完成大范围的移动和跟踪，二级快速随动子系统实现拉力、位置跟踪的混合精确控制。由于快速随动子系统的行程、质量等逐级减小，响应速度和精度逐级提高，一方面可降低设计制造的技术难度，减少制造、维护成本；另一方面又可提高整个系统的控制精度、快速性和精度保持性。

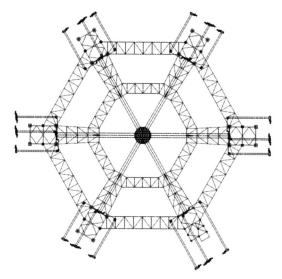

图4.8　火星探测器低重力模拟三维随动装置平面示意图

4.4　三维随动装置的结构与组成

4.4.1　并联索驱动子系统

并联索驱动子系统包含18套驱动单元，共25台交流伺服电机。其中，主提升索驱动系统、水平刚度调节索驱动系统和下斜拉索驱动系统，各包括6套驱动单元，这些驱动单元分别被安装在6个设备间中。在每个设备间中，有主提升索驱动单元、水平刚度调节索驱动单元和下斜拉索驱动单元各1套。每套主提升索驱动单元包括2台交流伺服电机；每套水平刚度调节索驱动单元包括1台交流伺服电机；下斜拉索驱动单元中，其中5套各包括1台交流伺服电机，余下的1套包括2台交流伺服电机。这样，在6个设备间中，5间中每间有3套不同功能的并联索驱动单元和4台交流伺服电机；余下的1间有3套并联索驱动单元和5台交流伺服电机。安装这18套并联索驱动单元的6个设备间，分布在塔架下直径约120m的圆周上，相互之间距离较远。

每套并联索驱动单元，通过双出绳滚筒，实现2根钢丝绳的收放。18套并联索驱动单元的36根钢丝绳，与快速随动系统基架圆盘相连。通过这18套并联索驱动单元25台交流伺服电机的联动，驱动快速随动系统在20m×20m×80m的三维空间范围内高速运动。

并联索驱动系统分布示意图如图4.9所示，系统由主提升索驱动系统、上水平索驱动系统和下水平索驱动系统组成，并联索驱动系统设备组成参见图4.10。

图4.9　并联索驱动系统分布示意图

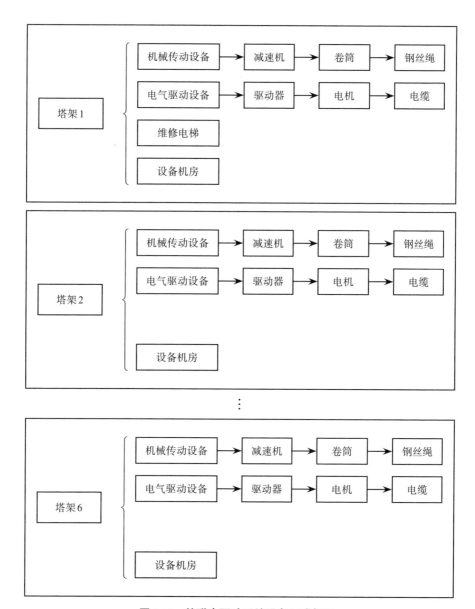

图4.10 并联索驱动系统设备组成框图

主提升索驱动系统由多组驱动单元组成，每组驱动单元包括双电机、双减速器和双出绳滚筒。两根钢丝绳通过主体结构顶部的两个滑轮与快速随动系统连接，构成平行四边形机构，防止快速随动系统产生倾斜。主提升索驱动系统布置图及示意图分别见图4.11、图4.12。

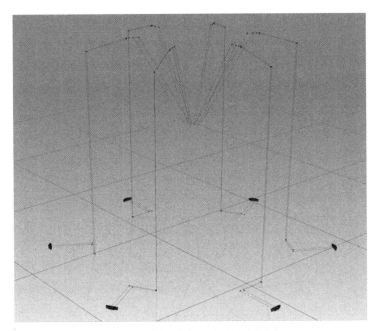

图4.11　主提升索驱动系统布置图

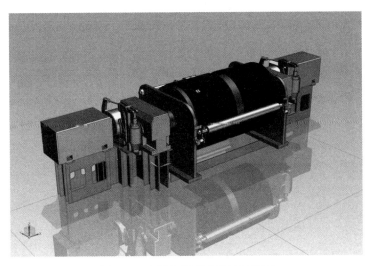

图4.12　主提升索驱动系统示意图

上水平索驱动系统由6组驱动单元组成，每组驱动单元包括电机、减速器和双出绳滚筒。两根钢丝绳通过主体结构柱腿上距地面一定高度处水平布置的两个滑轮与快速随动系统连接，同样构成平行四边形机构，主要为快速随动系统提供水平驱动力和增加扭转刚度。上水平索驱动系统布置图及示意图分别见图4.13、图4.14。

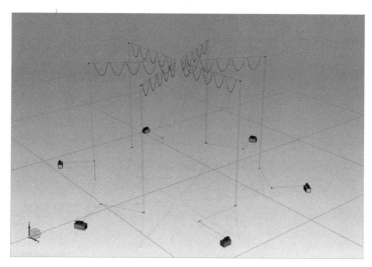

图4.13　上水平索驱动系统布置图

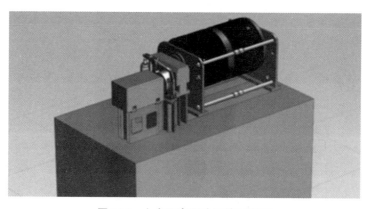

图4.14　上水平索驱动系统示意图

下水平索驱动系统与上水平索驱动系统结构上基本相同，双钢丝绳通过主体结构柱腿上距地面较低高度处水平布置的两个滑轮与快速随动系统连接，同样构成平行四边形机构，并为快速随动系统提供水平驱动力和增加扭转刚度。下水平索驱动系统布置图及示意图分别见图4.15、图4.16。

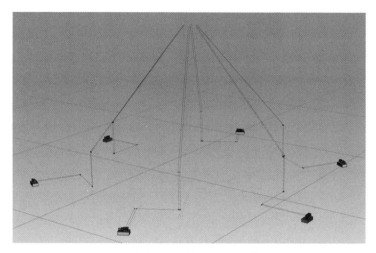

图4.15　下水平索驱动系统布置图

图4.16　下水平索驱动系统示意图

4.4.2　快速随动子系统

快速随动子系统由两维工作台组成，结构上采用伺服电机、大导程滚珠丝杠和精密导轨结构形式，完成对探测器的精确水平位置跟踪。其中拉力倾角的检测直接由安装在探测器上吊点处的编码器和安装在两维工作台处的激光陀螺仪读取，为一带有双编码器的万向联轴节，共有3台电机，底层托板由2台电机驱动，顶层托板由1台电机驱动。快速随动系统通过钢丝绳组与索驱动系统相连。水平快速随动系统示意图及装置虚拟样机见图4.17、图4.18。水平快速随动装置分析计算见图4.19。

图4.17　水平快速随动系统示意图

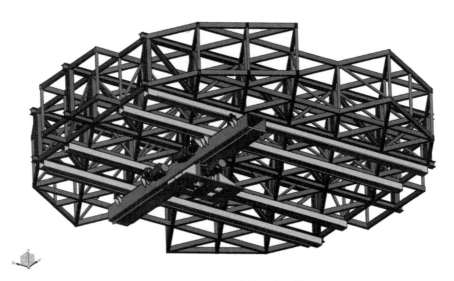

图4.18　水平快速随动装置虚拟样机

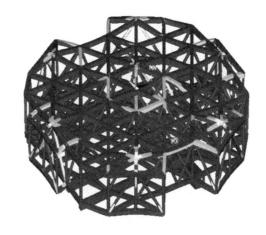

HOOAS SOLUTION
STEP=1
SUB=1
TIME=1
SEQV （AVG）
DMX=.758527
SMB=.307E-11
SMX=84672.2

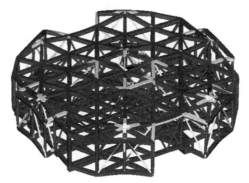

HOOAS SOLUTION
STEP=1
SUB=1
TIME=1
SEQV （AVG）
DMX=.814802
SMB=.307E-11
SMX=93558.3

图4.19　水平快速随动装置分析计算

4.4.3　拉力调节子系统

拉力调节子系统安装在快速水平随动系统的双层托板上，也包含3台电机。这3台电机共同驱动滚筒，实现吊绳吊点的垂直上下运动。其中，2台电机用于拉力卸荷，实现拉力值在0～20000N的范围内连续可调；1台电机用于拉力精确控制，要求拉力误差小于20N。

快速随动系统中拉力的精确控制由两级组成，功率较大的两台伺服电机完成拉力粗控，起卸荷作用，可承载大部分探测器拉力载荷，以保证小功率伺服电机具有合适的拉力调节范围。其中小功率伺服电机工作在拉力闭环控制方式，实现探测器拉力的精确控制。拉力调节系统原理示意图见图4.20，虚拟样机见图4.21，分析计算见图4.22。

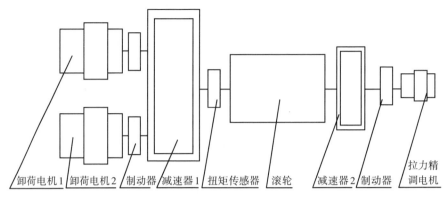

卸荷电机1 卸荷电机2 制动器 减速器1 扭矩传感器 滚轮 减速器2 制动器 拉力精调电机

图4.20 拉力调节系统原理示意图

图4.21 拉力调节装置虚拟样机

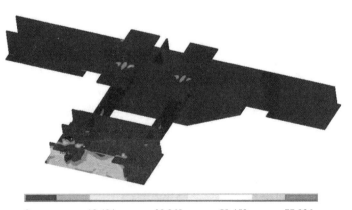

NODAL SOLUTION
STEP=1
SUB=1
TIME=1
SEQV   （AVG）
DMX=.332121
SMX=87.678

0   9.742 19.484 29.226 38.968 48.71 58.452 68.194 77.936 87.678

图4.22 拉力调节装置分析计算

4.5 三维随动装置的关键技术研究

4.5.1 快速随动单元的刚度分析

以嫦娥三号探测器低重力模拟三维随动装置为例，纵向及横向快速随动单元均采用滚珠丝杠传动方式，由于采用旋转电机到联轴器再经过滚珠丝杠螺母等一系列中间传动和变换环节，因此整个传动系统的刚度降低。其中由于滚珠丝杠属细长杆件，变形最大，因而是刚度最薄弱的环节，导致了系统的稳定性、定位精度等性能指标下降，并且使得整个伺服随动系统的速度及加速度响应能力很难得到提高。有必要对快速随动单元的机械刚度进行分析，从而优化结构参数，保证随动系统的性能指标。横向快速随动单元与纵向快速随动单元结构形式基本一致，下面以横向快速随动单元为研究对象，对传动系统的机械刚度进行分析。

横向快速随动单元的负载为拉力精调节装置，其受力分析如图4.23所示，基本性能参数见表4.1。图中 G_0 为拉力精调节装置的重力载荷，约为16000N；F_0 为随动对象作用于拉力精调节装置上的拉力，约为15000N。

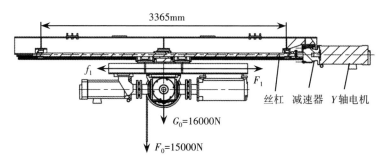

图4.23 横向快速随动单元受力分析

丝杠采用两端固定式支撑，可预紧，丝杠固定支撑间的跨度为3.365m。

表4.1　横向快速随动单元基本性能参数表

负载质量 m_0 / kg	2200	行程 s_1 / m	3
最大速度 $v_{1\max}$ / (m/s)	2	加速度 a_1 / (m/s²)	3
定位精度 / mm	0.1		
电机基本参数			
型号	1FT6134-6SF71-8DB0	额定转速 n / (r/min)	3000
电机惯量 J_{my} / (kg·m²)	6.25×10⁻²	额定扭矩 T_{my} / (N·m)	110
减速器基本参数			
型号	AE205	额定输出力矩 / (N·m)	1050
额定输入转速 n / (r/min)	3000	扭转刚度 / (N·m/rad)	4.98×10⁵
减速器惯量 J_g / (kg·m²)	2.90×10⁻³	减速比 i	4
丝杠基本参数			
型号	WGF70140S-3G3	导程 P_h / m	0.14
丝杠跨度 L / m	3.365	丝杠小径 d_1 / m	0.062
丝杠长度 L_s / m	3.700	公称直径 d_0 / m	0.07
弹性模量 E / (N/m²)	2.100×10¹¹	丝杠惯量 J_s / (kg·m²)	0.06845

横向快速随动单元的机械刚度包括：

（1）轴向刚度

当随动对象快速运动时，横向快速随动单元主要承受轴向载荷，除丝杠本身的自重以外，不承受径向外载荷，因而轴向传动刚度 K_1 可视为与滚珠丝杠相关联的零部件刚度的并联：

$$\frac{1}{K_1} = \frac{1}{K_S} + \frac{1}{K_N} + \frac{1}{K_B} \qquad (4.1)$$

式中：K_S——丝杠轴向刚度；

　　　K_N——螺母组件轴向刚度；

　　　K_B——支撑轴承轴向刚度。

由于丝杠的长细比相对较大，螺母的轴向刚度通常远大于丝杠的轴向刚度；另外，当支撑轴承有效预紧后，也可有效提高其轴向刚度。因此横向快速随动单元的轴向刚度主要决定于滚珠丝杠的轴向刚度 K_S：

$$K_S = \frac{\pi d_1^2 E}{L} = 7.533 \times 10^8 \ (\text{N/m}) \tag{4.2}$$

轴向刚度不足引起的轴向变形

$$\Delta_1 = \frac{T_{my} \eta i 2\pi}{K_S P_h} = T_{my} \times 2.145 \times 10^{-7} \ (\text{m})$$

（2）扭转刚度

对于采用滚珠丝杠传动的机电系统，传统的设计方法认为，扭转变形很小，对机电综合传动刚度的影响可以忽略。而事实上，扭转变形对机电综合传动刚度的作用是随着丝杠导程的增加而增大，当丝杠导程大到一定程度时，扭转变形对机电综合传动刚度的影响就应该引起足够的重视。快速随动单元的滚珠丝杠副具有大导程的特点，且行程接近3m，有必要对其扭转刚度 K_{TS} 进行分析。

$$K_{TS} = \frac{\pi d_1^4 G}{32 \times L/2} = 7.325 \times 10^4 \ (\text{N} \cdot \text{m/rad}) \tag{4.3}$$

扭转刚度不足引起的轴向变形

$$\Delta_2 = \frac{T_{my} \eta i P_h}{K_{TS} \times 2\pi} = T_{my} \times 1.1 \times 10^{-6} \ (\text{m}) \tag{4.4}$$

对比可知，在快速随动单元中，扭转刚度的不足更容易引起丝杠轴向变形，从而影响控制系统的定位精度和响应速度。由公式可见，对于轴向刚度，丝杠导程越大，轴向变形越小；而对于扭转刚度，丝杠导程越大，其引起的轴向变形越大。由于扭转刚度不足引起的轴向变形程度更严重，总体而言，丝杠导程的增加将降低快速随动单元的机械传动刚度。如果增加丝杠直径，则对于减小由于轴向刚度和扭转刚度不足而引起的轴向变形都有帮助。为了满足试验系统动态指标并配合伺服电机选型需要，丝杠的导程必须加大，这样就只能尽可能增加丝杠的直径，从而提高随动单元的传动刚度。

4.4.2　三维随动装置的结构安全状态监测技术

在三维随动装置研制过程中，由于总体工艺条件和试验要求的不断调整，装置所承受的载荷不断增加，但受总体结构工艺尺寸限制，各级结构件尺寸无法按常规设计要求实现，只能在现有的空间和高度限制范围内，利用有限元分析和结构优化方法开展设计。考虑随动试验架的载荷、速度、加速度以及动态冲击影响，该结构体系的安全裕量相对较小，存在一定的风险和安全隐患。为了有效掌握随动试验架结构的受力和变形状态，验证有限元分析和优化设计结果，确保试验的顺利进行，利用光纤光栅传感器及加速度传感器，监测随动试验架结构的变形、应力和振动情况，提供现场实测的动态响应数据，并进行分析研究。

（1）测点布置

传感器在各级梁上的安装位置如图 4.24 所示，其中黑色圆圈代表应变传感器，每个圆圈处均表示上下弦的两只传感器，总共30只；白色圆圈表示应变和加速度传感器，其中三级梁北侧中间位置水平和竖直方向各装一只加速度传感器，总共7只加速度计。

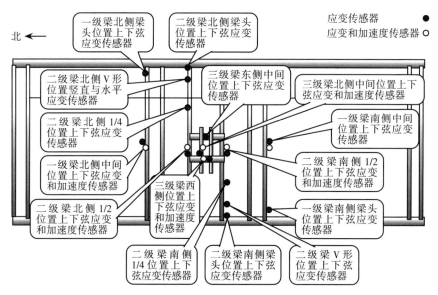

图4.24　光纤光栅传感器布置图

分动静态分别给出随动试验架结构的应变值，静态值即按照二、三级梁在一级梁上的相对位置不同划分为各个不同状态点，并给出各状态点的传感器应变、应力值；动态值是指各梁在运动过程中的应力应变、加速度大小和频率值。

（2）静态分析

因为三级小车在二级梁上的停靠位置直接关系到二级梁及三级小车各点的受力情况，所以按照三级小车相对于二级梁的位置不同分析。设定以三级小车位于二级梁最西侧时的状态为传感器的初始状态点，三级小车位于二级梁中间位置时，主要应变传感器值如表4.2所示。

表4.2 三级小车位于二级梁中间位置的主要应变传感器值

区域	位置	应变 / $\mu\varepsilon$	应力 / MPa
一级梁南北两侧	北侧梁中下弦水平	10.791	2.266
	北侧梁头上弦水平	13.052	2.741
二级梁北侧	梁中 1/2 下弦水平	125.656	26.388
	梁 V 处竖直	62.771	13.182
二级梁南侧	梁中 1/2 下弦水平	171.082	35.927
	梁 V 处竖直	−59.438	−12.482
三级小车	西侧上弦水平	−8.419	−1.768
	北侧下弦水平	−12.148	−2.551

当三级小车从最西侧移动到二级梁最东侧位置时，二级梁北侧梁中1/2梁下弦处传感器在整个移动过程中的数据变化如图4.25所示。

可见，三级小车在二级梁的跨中位置，二级梁的应力变化值最大，为35.927MPa，相对结构的许用应力和设计安全系数在安全的变化范围内。

二级梁在一级梁不同位置时的各传感器应变值。设定二级梁距一级梁南侧4m处的位置为初始零点，二级梁在变化的过程中，一级梁的传感器基本上没有变化，所以可以判断二级梁的运动对一级梁的影响甚微，这也与实际结构的受力关系吻合。

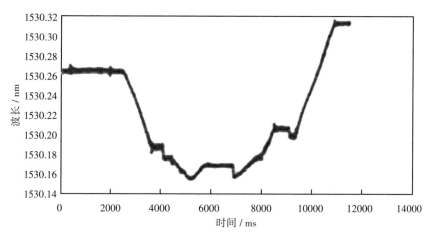

图4.25 三级小车从最西侧移动到二级梁最东侧过程中传感器的变化

（3）垂直动态分析

工况一：一级梁停靠在桁架中部，二级梁停靠在一级梁的最北侧，三级小车停靠在二级梁的最西侧，下方圆盘质量约12t，高度56m，此次下降至44m处。图4.26是三级小车上的加速度传感器采集的整个下降过程的数据曲线，取100000ms到101000ms的一段图放大观察，可以看出，传感器在圆盘从56m下降到44m的过程中，中心波长值在1pm范围内震动，即圆盘的下降过程并没有对三级梁产生有效加速度。

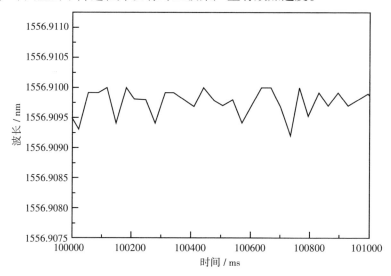

图4.26 北侧竖直安装传感器1s内波长曲线下降数据

由图4.26可以看出，在圆盘下降的过程中，小车并没有发生有规律的震动，而且震动幅度很小，基本可以认为没有震动。其他测点也得出类似的结果。说明小车在主梁一端时，整体结构刚度表现好，对试验精度影响较小。

工况二：当一级梁在桁架中部、二级梁在一级梁的中部、三级小车在二级梁的中部（初始状态零度角位置），圆盘质量约13t。圆盘从高度74m处下降至约44m处，速度是2m/s，其他不变。

首先以一级梁北侧梁中下弦一只应变传感器为例，传感器数据中心波长范围很小，大约有3με的变化，其变化如图4.27所示。

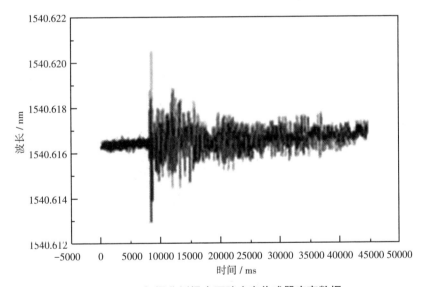

图4.27　一级梁北侧梁中下弦应变传感器应变数据

由图4.27可以看出，圆盘在以2m/s的速度下降的过程中，一级梁产生了震动，震动频率为4Hz左右。

图4.28为二级梁南侧梁中位置下弦传感器数据。

传感器信号在圆盘下降的过程中，中心波长略有变化，其间伴随着震动，二级梁在圆盘下降的过程中的确是有震动的，但是没有产生规律的震动，震动幅度也较小。

三级梁北侧梁中下弦应变数据如图4.29所示。

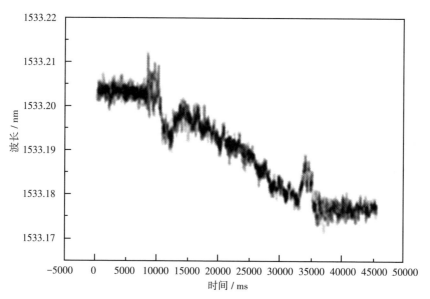

图4.28　二级梁南侧梁中下弦应变传感器应变数据

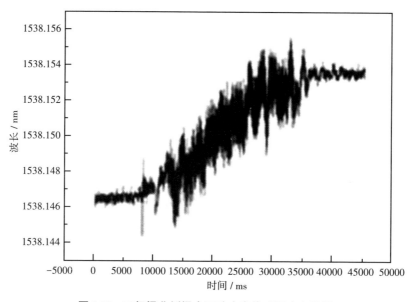

图4.29　三级梁北侧梁中下弦应变传感器应变数据

由图4.29可以看出，三级梁在圆盘下降过程中产生的应变量也不大，大约在7με，但是其震动频率比较快。

通过对监测数据的分析可知，圆盘在升降过程中，对各级主梁有一定冲击，但幅度有限；对三级小车也没有造成大的冲击。另外可能在其过程中会产生有规律的震动，震动频率在4~9Hz，频率应该与圆盘质量、升降速率等有关。

（4）综合分析

工况描述：一级梁在桁架中部、二级梁在一级梁的最南部、三级小车在二级梁的最东部，圆盘质量约13t。二级梁从一级梁最南部一直向北移动15m到最北侧，三级小车从二级梁最东部向西移动15m到最西侧，圆盘从高度74m处下降至20m处，其中各级梁的移动速度及圆盘下降速度均为0.6m/s，同样假设移动之前的各级梁为初始状态，即各应变传感器的值均为0。

各级梁在运动结束后，即一级梁在桁架中部、二级梁在一级梁的最北部、三级小车在二级梁的最西部，圆盘从74m下降到20m后的稳定状态下，各传感器的应力应变值如表4.3所示。

表4.3　稳定状态下各传感器的应力应变

区域	位置	应变 / με	应力 / MPa
一级梁南北两侧	北侧梁中下弦水平	−19.78	−4.153
	北侧梁头上弦水平	−5.556	−1.167
二级梁北侧	梁V处竖直	−154.810	−32.510
	梁头下弦水平	−87.575	−18.391
二级梁南侧	梁中1/2下弦水平	−57.630	−12.102
	梁V处竖直	101.135	21.238
三级小车	西侧下弦水平	14.690	3.085
	北侧上弦水平	9.040	1.898

三级小车在从最东部向最西部移动的过程中，传感器应变先是不断增大，在小车到达中部的时候应变值达到最大值大约240με，然后小车继续西行，则应变值逐渐减小，直到小车运行到最西部。

说明在整个动态运动过程中，二级主梁的变形在弹性范围内变化，总终的变形与静态变形相当，中间过程的变形和应变接近静态变化的2

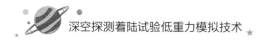

倍。虽然还在安全范围内，但也可以看出，动态影响是比较大的，如果速度继续增加，对二级主梁的影响仍有一定安全隐患。

一级主梁的动态响应状态与二级主梁类似，虽然幅度更大，但由于没有荷载的增加和变化，安全隐患和二级主梁是相当的。应该及时监测，随时观察主梁的震动状态和变形数据，避免发生意外。

5 三维随动控制技术

5.1 三维随动控制系统

低重力模拟试验平台三维随动控制系统包括并联索驱动控制系统、快速随动控制系统。控制系统采用层次式控制结构，由下及上分别为现场级、控制级和操作级，如图5.1所示。操作级主要负责向控制级发送操作命令和接收反馈的各种信息，具有一定的人机交互界面和信息处理功能；控制级是整个控制系统中枢，它向上与操作级交互信息，向下与现场级各随动子系统交互数据；现场级实现系统的快速精确控制。

5.1.1 并联索驱动控制系统

并联索驱动控制系统采用一套运动控制器分别控制25套伺服驱动器和交流电机来驱动减速器和滚筒，实现36根钢丝绳跟随快速随动系统运动，为验证器和圆盘提供水平与垂直驱动力，控制系统框图如图5.2所示，驱动级网络拓扑如图5.3所示（局部：塔1~3）。25台伺服电机工作在同步随动控制方式，系统原理框图如图5.4所示。控制输入是根据快速随动系统的位移计算的，其控制流程图见图5.5。

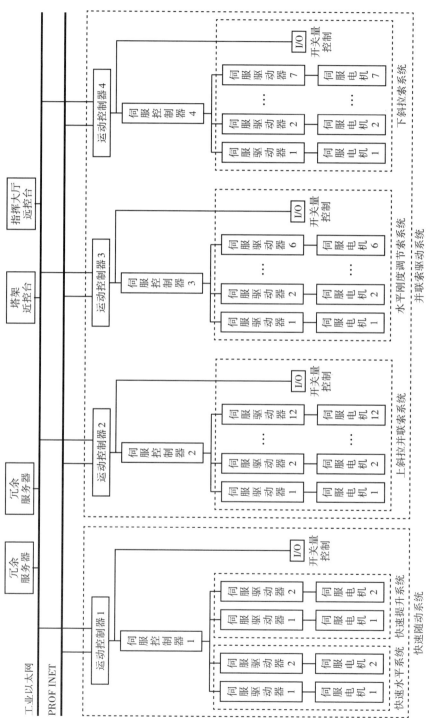

图 5.1 三维随动控制系统框图

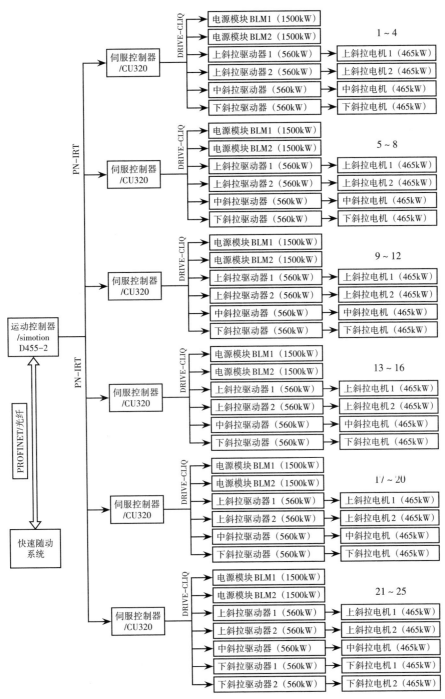

图5.2 并联索驱动控制系统框图

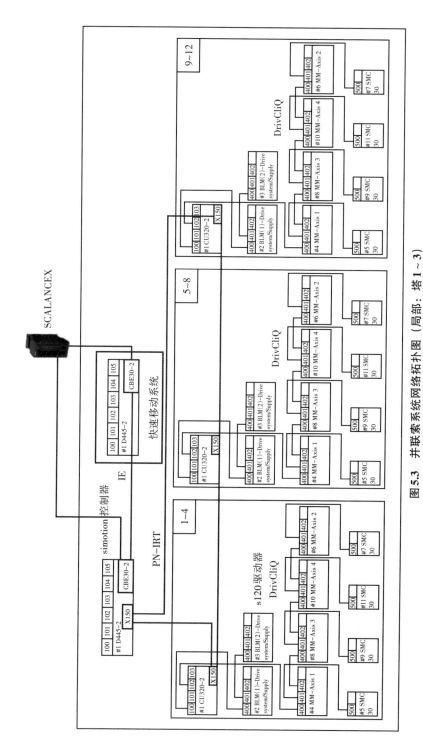

图5.3 并联索系统网络拓扑图（局部：塔1~3）

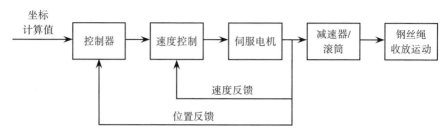

图5.4 并联索驱动控制系统原理框图

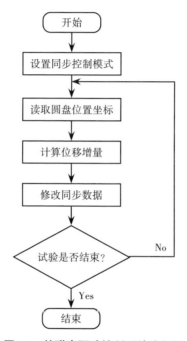

图5.5 并联索驱动控制系统流程图

每一个塔由一个独立的CU控制单元控制，速度环周期250μs，6个塔之间采用PN-IRT通信方式与上位运动控制器相连，通讯周期1ms，25套驱动轴间同步运动周期不超过4ms。

5.1.2 快速随动控制系统

快速随动系统运动控制器通过PN-IRT及Scalance光纤通信与并联索驱动系统相连，内部通过PN-IRT与控制单元CU相连，驱动相应的伺服电机，并扩展RS422、SSI、DP总线等接口采集陀螺惯导、偏角编码器、力传感器等信号。快速随动系统网络拓扑如图5.6所示。

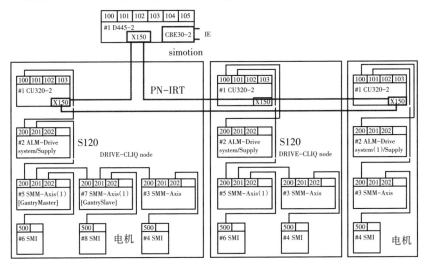

图5.6 快速随动系统网络拓扑图

5.1.2.1 水平快速随动控制系统

水平快速随动系统的两个运动坐标由运动控制器控制伺服驱动器和伺服电机来完成，工作在随动控制方式，以实现水平快速随动系统中的上吊点对探测器的精确跟踪，探测器的位置由万向联轴节上的编码器和激光陀螺仪检测。

控制框图如图5.7所示，系统可以实现全闭环控制。绝对编码器的角度检测精度可达0.011°，激光陀螺仪的漂移小于0.01°/小时，工作温度−40～75℃，属于高精度、宽温度陀螺仪。探测器吊绳倾角的检测精度可达0.03°。控制输入来自探测器的水平移动，其控制流程图见图5.8。

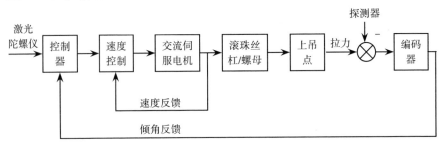

图5.7 水平快速随动控制系统框图

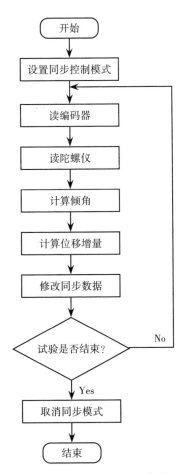

图5.8 水平快速随动控制系统流程图

5.1.2.2 拉力调节控制系统

拉力调节系统直接跟随探测器上吊点的垂直运动，由运动控制器控制两套伺服驱动器和伺服电机来实现拉力的精确闭环控制，伺服电机工作在扭矩控制方式，拉力的精确测量直接由上吊点处的力传感器来完成。整个系统工作在全闭环控制方式，如图5.9所示。拉力传感器选用HBM的U10M型号传感器，该拉力传感器的非线性度为0.025%，在2.0t额定量程下的力检测精度为5N，拉力的控制精度取决于电机的输出转矩，一般伺服电机的扭力控制精度为0.5%～1.5%。为适应下降阶段和上升阶段的载荷质量差别，优化拉力分配，实现20N的拉力控制精度，控制输入来自力设定值，其控制流程图见图5.10。

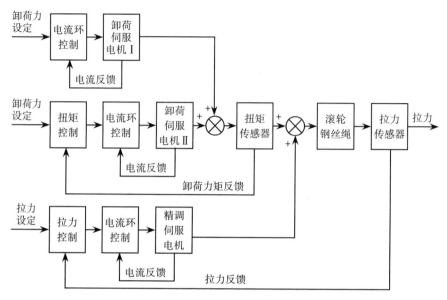

图5.9　拉力调节控制系统框图

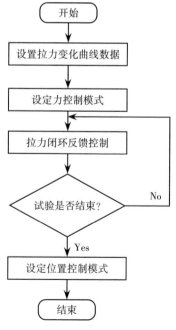

图5.10　拉力调节控制系统流程图

5.2 低重力模拟试验平台控制要求

低重力模拟试验平台是一个大型的力和位移混合随动控制系统，其功能是在大空间范围内，对飞行中的探测器实施高精度的三维位置与拉力混合随动控制，在地面试验场上实现模拟探测器在星球表面的着陆过程。

试验中，模拟试验平台系统有两种工作模式：主动运动模式和跟随运动模式。主动运动模式是指，并联索驱动系统根据运动指令，驱动圆盘在工作空间范围内，按给定运动参数运动。在快速随动系统中，快速水平随动系统的双层托板按运动指令做两自由度水平运动。拉力调节系统工作在位置或速度控制模式，能按指令垂直收放吊绳。跟随运动模式是指，在快速随动系统中，拉力调节系统工作在拉力控制模式，保持吊绳拉力恒定，随探测器的升降，吊绳做收放跟随运动。快速水平随动系统工作在位置随动控制模式。根据吊绳倾角的变化，其双层托板做两自由度水平跟踪运动，保持吊绳垂直，要求倾角不大于±0.1°。同时，并联索驱动系统的18套驱动单元，根据快速随动系统的双层托板和吊绳运动信息，共同驱动快速随动系统做三维跟随运动，以避免快速随动系统的双层托板和吊绳运动超出最大工作行程。

根据这些并联索驱动系统和快速随动系统组成机构特征、设备分布位置、工作特性以及性能指标，可归纳出其技术特点如下。

① 模拟试验平台系统是一个大型分布式运动控制系统，设备分布距离远，联动电机数量多，同步实时性要求高。

并联索驱动系统有18套驱动单元，共25台交流伺服电机，分别安装在6个设备间中。这些设备间均布在塔架下直径约120m的圆周上，相距较远。这25台电机联动，通过收放36根钢丝绳，共同驱动快速随动系统运动，使其在20m×20m×80m的三维空间范围内高速运动。无论系统工作在主动运动模式还是跟随运动模式，快速系统在三维空间内的高速运动都需要25台交流伺服电机的同步运动。在运动控制中，对于电机同步控

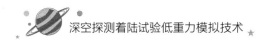

制，其位置控制环同步循环周期一般为几毫秒，实时性要求高。

当系统工作在跟随运动模式时，快速随动系统通过其中的6台电机，实现对探测器的快速三维位置跟踪和拉力控制。同时，并联索驱动系统要根据快速随动系统中托板的两自由度水平位移和吊绳的垂直位移，驱动快速随动系统的机架圆盘在大的空间范围内跟随探测器运动。系统工作在跟随运动模式时，有31台电机同步工作，并联索驱动系统要实时获取快速随动系统的信息，以驱动圆盘在塔架中心附近20m×20m×80m的三维空间做跟随运动。然而，快速随动系统运动，与并联索驱动系统之间距离较远，所以在调试中，要充分考虑并联索驱动系统以及快速随动系统等高实时性的运动信息交换和联动控制算法设计问题。

②并联索驱动系统依靠36根钢丝绳并联驱动快速随动系统，使其在大空间范围内高速运动。在系统的控制环节中，36根钢丝绳和快速随动系统机架圆盘构成非线性动力系统。

快速随动圆盘与并联索驱动系统的主提升驱动系统、水平刚度调节驱动系统和下斜拉驱动系统，通过36根钢丝绳相连，构成超静定张紧钢丝绳组。从机械角度来说，采用超静定钢丝绳组，相当于传动系统的预紧，通过预紧来提高传动系统的刚度。

具体地说，快速随动圆盘位置和姿态与36根钢丝绳线密度、长度和张力的关系，满足一个复杂的非线性方程组。钢丝绳组的张力并不由电机直接控制，而是在协调控制36根钢丝绳的长度，以及控制快速随动圆盘位置和姿态的同时，间接得到满足。通过控制36根钢丝绳的长度，既要控制随动圆盘的位置和姿态，又要控制36根钢丝绳的张力，以满足钢丝绳组和圆盘动力子系统的静态和动态性能要求。因此，钢丝绳组和圆盘动力系统的控制算法设计和调试，不仅工作量大，而且难度也大，包括36根钢丝绳组驱动快速随动系统模型建立、钢丝绳组刚度和预紧力优化、快速随动系统空间位置标定、36根钢丝绳组绳长误差补偿建模、并联索驱动系统18套驱动单元功率分配动态控制，以及钢丝绳张力控制策略等。

当系统工作在主动运行模式时，钢丝绳组和快速随动圆盘动力子系统的静态、动态性能，直接影响系统的定位精度，以及25台联动伺服电机的功率分配。当系统工作在跟随运动模式时，并联索驱动系统要根据快速随动系统的托板水平位移和吊绳垂直位移，驱动快速随动系统圆盘跟随探测器运动。并联索驱动系统驱动快速随动圆盘做跟随运动的控制算法设计，以及钢丝绳组和圆盘动力子系统的静态、动态性能，影响圆盘运动的平稳性，并间接影响快速水平随动子系统和拉力卸荷与精调控制子系统的性能指标。

因此，在并联索驱动系统中，与36根钢丝绳并联驱动相关的设计与控制问题，如36根钢丝绳组的刚度和预紧力优化、圆盘位置标定、36根钢丝绳误差补偿、张紧力控制策略和电机功率控制算法等，都是系统仿真和调试要考虑的重点问题。它们直接影响系统的大范围运动技术指标，以及水平跟踪和拉力控制性能指标。

③ 模拟试验平台系统的吊绳倾角控制精度和拉力控制精度技术指标要求非常高。

模拟试验平台系统的吊绳倾角控制精度为±0.1°，吊绳不能太长，否则吊绳的振动将在吊点处产生水平分力。例如，若吊绳长为1.5m，则要求快速随动系统的水平跟踪精度为2.6mm，在探测器高加速运动时，快速随动系统水平跟踪控制器的参数调试将十分困难。

模拟试验平台系统的拉力控制误差要求小于20N，拉力值在0～20000N的范围内连续可调，相当于满量程相对控制精度为0.2%，控制较为困难。在吊绳拉力控制器设计时，不仅需考虑摩擦补偿、惯性误差补偿等措施，而且控制器的参数调试也会十分困难。

同时，并联索驱动系统驱动圆盘大范围跟随探测器运动的随动控制器设计，一方面要考虑快速随动系统的双层托板和吊绳运动不能超出最大工作行程，另一方面还要考虑圆盘运动的平稳性问题。如果圆盘运动不平稳，将直接影响水平跟踪和拉力控制性能指标。因此，快速随动系统的水平跟踪、吊绳拉力，以及并联索驱动系统驱动圆盘大范围跟随探测器运动等控制是耦合的，其控制算法要综合设计和调试。

5.3 低重力模拟试验平台系统建模分析

低重力模拟试验平台系统由塔架、快速随动系统、并联索驱动系统等组成，采用由粗到精逐级控制的方案，将吊绳拉力控制和水平随动控制各分两级。一级是并联索驱动系统完成大范围的移动和跟踪；二级是圆盘快速随动系统实现吊绳拉力和三维位置跟踪的混合精确控制。两级协同工作实现多自由度、长行程、大惯量机电系统的高速度、快响应以及高精度力和位移控制。

整个随动控制仿真建模系统比较复杂，可分成7个子系统来完成，包括：

① 主提升驱动子系统。

② 水平刚度调节驱动子系统。

③ 下斜拉驱动子系统。

④ 钢丝绳组圆盘子系统。

⑤ 水平快速随动子系统。

⑥ 拉力卸荷与精调控制子系统。

除钢丝绳组圆盘子系统外，其他子系统均由伺服电机、减速器、钢丝绳和滚筒、丝杠和螺母、齿轮齿条以及滚动导轨等不同部件组合构成。系统的驱动器为31台交流伺服电机，它们工作在不同的控制方式下，协调工作完成复杂的力和位置随动控制任务。钢丝绳组圆盘子系统实现并联索驱动圆盘建模，为非线性动力系统，它直接将主提升驱动子系统、水平刚度调节驱动子系统和下斜拉驱动子系统耦合起来，耦合25台伺服电机的功率分配，并影响水平快速随动子系统和拉力卸荷与精调子系统的性能。前已述及，并联索驱动系统通过36根钢丝绳直接将25台伺服电机耦合起来，因此，建模工作首先从钢丝绳组性能分析开始，并根据并联索驱动系统电机的性能参数，确定圆盘水平和垂直方向速度和加速度是否满足设计要求；接着，论述交流伺服电机、并联索驱动系统驱动单元、快速移动工作台单元、拉力卸荷精调单元的建模技术，并进行单元仿真；然后，建立并联索驱动圆盘系统三维主动运行、随动运行的仿真模型，并进行仿真。

5.3.1 并联索驱动系统建模分析

低重力模拟试验工作台由主体结构、快速随动系统、并联索驱动系统组成。并联索驱动系统完成大范围的移动和跟踪，二级快速随动系统实现拉力、位置跟踪的混合精确控制。并联索驱动系统按功能可分为三组，分别称为主提升索驱动系统、水平刚度调节索驱动系统和下斜拉索驱动系统，每组包括12根驱动钢丝绳，共36根。

5.3.1.1 钢丝绳组的几何和运动表示

为叙述方便，建立两个坐标系，一个是全局固定坐标系 O-XYZ，其中坐标表面 XOY 为水平面，高度位于主提升、水平刚度调节或下斜拉驱动系统钢丝绳的出绳点，坐标原点 O 为驱动系统的对称中心，坐标轴 Z 正向垂直向上。另一个坐标系是与快速随动圆盘固联的局部坐标系 O_1-$X_1Y_1Z_1$，其中 $X_1O_1Y_1$ 为水平面，是快速随动圆盘的基准面，坐标原点 O_1 位于主提升、水平刚度调节和下斜拉驱动系统钢丝绳端点的几何对称中心，坐标轴 Z_1 正向垂直基准面向上。初始位置假设两坐标系重合，按设计要求，快速随动圆盘在空间只做平移运动，两个坐标系之间理论上满足简单的变换关系。当 O_1-$X_1Y_1Z_1$ 坐标系的坐标原点运动到全局坐标系 O-XYZ 中坐标为 O_1 (x_0, y_0, z_0) 的位置时，坐标变换关系可表示为，

$$\begin{bmatrix} x & y & z \end{bmatrix}^T = \begin{bmatrix} x_1 & y_1 & z_1 \end{bmatrix}^T + \begin{bmatrix} x_0 & y_0 & z_0 \end{bmatrix}^T \tag{5.1}$$

其中 (x, y, z) 为坐标系 O-XYZ 中的全局坐标，(x_1, y_1, z_1) 为坐标系 O_1-$X_1Y_1Z_1$ 中的局部坐标，上标 T 表示向量转置。

分析过程中，将36根钢丝绳组分成3组，包括主提升、水平刚度调节和下斜拉驱动系统钢丝绳，每组12根。这12根钢丝绳又通过滑轮和连接点形成6个平行四边形，且每2根由一个滚筒驱动。因此，每组12根钢丝绳又可细分为2组，每组6根，开始建模。设其中1组钢丝绳与快速随动圆盘的连接点位于高为 H_c 的水平面内，且在半径为 R_c 的圆上，则在

全局坐标系 $O\text{-}XYZ$ 中，其圆心坐标为 $(0,\ 0,\ H_G)$，令6根钢丝绳连接点与 X 轴正向夹角分别为 $\alpha_i(i=1,\ 2,\ \cdots,\ 6)$，那么这组钢丝绳的连接点 $G_i(i=1,\ 2,\ \cdots,\ 6)$ 的坐标可以用向量表示为：

$$G_i=\begin{bmatrix}R_G\cos\alpha_i & R_G\sin\alpha_i & H_G\end{bmatrix}^{\mathrm{T}}\quad(i=1,\ 2,\ \cdots,\ 6)\tag{5.2}$$

类似地，设这组钢丝绳与快速随动圆盘连接点位于半径为 R_O 的圆上，圆心为坐标系 $O_1\text{-}X_1Y_1Z_1$ 的原点，且钢丝绳连接点与局部坐标系 X_1 轴的正向夹角分别为 $\beta_i(i=1,\ 2,\ \cdots,\ 6)$，则这组钢丝绳与圆盘的连接点 $P_i(i=1,\ 2,\ \cdots,\ 6)$ 在坐标系 $O_1\text{-}X_1Y_1Z_1$ 中可用向量表示为：

$$P_i=\begin{bmatrix}R_O\cos\beta_i & R_O\sin\beta_i & 0\end{bmatrix}^{\mathrm{T}}\quad(i=1,\ 2,\ \cdots,\ 6)\tag{5.3}$$

如果快速随动圆盘运动到空间某一位置，与其固联的局部坐标系 $O_1\text{-}X_1Y_1Z_1$ 原点在全局坐标系 $O\text{-}XYZ$ 中坐标为 $O_1(x_0,\ y_0,\ z_0)$ 时，这组钢丝绳两个连接点间的直线距离 $l_i(i=1,\ 2,\ \cdots,\ 6)$、水平距离 $R_i(i=1,\ 2,\ \cdots,\ 6)$ 和高度差 $H_i(i=1,\ 2,\ \cdots,\ 6)$ 分别表示为

$$\left.\begin{aligned}l_i&=\sqrt{R_i^2+\left(H_G-z_0\right)^2}\\R_i&=\sqrt{\left(R_G\cos\alpha_i-R_O\cos\beta_i-x_0\right)^2+\left(R_G\sin\alpha_i-R_O\sin\beta_i-y_0\right)^2}\\H_i&=z_0-H_G\end{aligned}\right\}\tag{5.4}$$

同时，钢丝绳由圆盘上一端连接点指向另一端连接点的单位向量，可用 e_i 表示为

$$e_i=\begin{bmatrix}\cos\varphi_i\cos\theta_i & \cos\varphi_i\sin\theta_i & \sin\varphi_i\end{bmatrix}^{\mathrm{T}}\quad(i=1,\ 2,\ \cdots,\ 6)\tag{5.5}$$

其中：

$$\left.\begin{aligned}\theta_i&=\arccos\frac{R_G\cos\alpha_i-R_O\cos\beta_i-x_0}{R_i}\\\varphi&=\arctan\frac{H_G-z_0}{R_i}\end{aligned}\right\}\tag{5.6}$$

式（5.1）～式（5.6），描述了当快速随动圆盘在空间运动时，钢丝绳组两连接点间相对几何位置的计算方法。

假设快速随动圆盘的瞬时平移速度为 v，绕局部坐标原点的回转角速

度为$\boldsymbol{\omega}$，则根据运动学分析，可得钢丝绳的收绳速度为

$$v_i = \boldsymbol{e}_i \cdot \boldsymbol{v} + (\boldsymbol{P}_i \times \boldsymbol{e}_i) \cdot \boldsymbol{\omega} \quad (i = 1, 2, \cdots, 6) \tag{5.7}$$

其中"·"表示向量的数量积，"×"表示向量的矢量积。

同时，钢丝绳和圆盘连接点，相对于钢丝绳出绳点的旋转角速度$\boldsymbol{\Omega}_i$，可表示为

$$\boldsymbol{\Omega}_i = \frac{\boldsymbol{v} \times \boldsymbol{e}_i + (\boldsymbol{\omega} \times \boldsymbol{P}_i) \times \boldsymbol{e}_i}{l_i} \quad (i = 1, 2, \cdots, 6) \tag{5.8}$$

钢丝绳收绳加速度$\boldsymbol{a}_i (i = 1, 2, \cdots, 6)$可表示为

$$\boldsymbol{a}_i = \boldsymbol{e}_i \cdot \left(\frac{\mathrm{d}\boldsymbol{v}}{\mathrm{d}t} + \frac{\mathrm{d}\boldsymbol{\omega}}{\mathrm{d}t} \times \boldsymbol{P}_i \right) + (\boldsymbol{e}_i \times \boldsymbol{\Omega}_i) \cdot (\boldsymbol{v} + \boldsymbol{\omega} \times \boldsymbol{P}_i) + \boldsymbol{e}_i \cdot (\boldsymbol{\omega} \times \boldsymbol{\omega} \times \boldsymbol{P}_i) \tag{5.9}$$

特别地，当回转角速度为$\boldsymbol{\omega} = 0$时，式（5.7）~式（5.9）可简化为

$$\left.\begin{array}{l} v_i = \boldsymbol{e}_i \cdot \boldsymbol{v} \\[2mm] \boldsymbol{\Omega}_i = \dfrac{\boldsymbol{v} \times \boldsymbol{e}_i}{l_i} \\[4mm] \boldsymbol{a}_i = \boldsymbol{e}_i \cdot \dfrac{\mathrm{d}\boldsymbol{v}}{\mathrm{d}t} + \dfrac{(\boldsymbol{e}_i \times \boldsymbol{v}) \cdot (\boldsymbol{e}_i \times \boldsymbol{v})}{l_i} \quad (i = 1, 2, \cdots, 6) \end{array}\right\} \tag{5.10}$$

方程（5.10）可被用来分析钢丝绳驱动系统的出绳速度和加速度。

5.3.1.2 并联索驱动系统静刚度分析

并联索驱动系统低重力模拟试验平台中为快速随动系统提供超大工作空间及系统随动主要的速度和加速度，但是系统单向承载且易于产生弹性形变，使系统的刚度和定位精度降低，限制了系统运行的响应速度及运行精度；而且低重力模拟试验平台工作空间跨度大，钢丝绳最大跨度达上百米，钢丝绳在重力影响下变成悬链线，进一步降低了系统的刚度和定位精度。因此，有必要对并联索系统的刚度问题进行研究，了解并联索系统刚度大小及变化规律，从而了解并联索系统在一定载荷作用下的弹性变形量和定位精度，为提高并联索系统的刚度提供实现方法和理论依据。

对并联索驱动系统的刚度研究，隋春平从微分变换出发推导了绳索

牵引机器人刚度解析表达式，但推导过程中忽略了值得保留的项；杜敬利等通过将柔索等效为3根两两相互垂直的弹簧建立等效模型，推导出刚度矩阵，计算模型复杂；刘欣等通过微分变换和线矢量，推导了刚度Hessian矩阵，表达式复杂，不便于计算使用；本章依据刚度定义，从微分变换出发，推导静刚度一般表达式，并考虑绳索质量对系统刚度的影响，对低重力模拟试验平台并联索驱动系统刚度计算进行说明。

根据驱动索数 m 与活动平台自由度 n 的关系，并联索机构分为 IPRM（$m<n+1$），CPRM（$m=n+1$），RRPM（$m>n+1$）三类，即完全约束机构、非完全约束机构、冗余约束机构。快速随动圆盘仅有6个自由度，低重力模拟试验平台并联索驱动系统通过36根钢丝绳与其相连，因此本系统属于冗余约束机构。并联索驱动系统坐标系见图5.11。

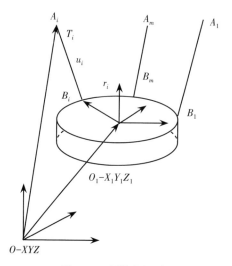

图5.11　系统坐标系

A_i 为第 i 根索与塔架的连接点，B_i 为第 i 根索与快速随动圆盘的连接点。

设 $\boldsymbol{u}_i = \begin{pmatrix} u_x & u_y & u_z \end{pmatrix}^{\mathrm{T}} = \begin{bmatrix} \cos\alpha & \cos\beta & \cos\gamma \end{bmatrix}^{\mathrm{T}}$ 为第 i 根索张力方向的单位矢量，α，β，γ 分别为张力与 x，y，z 轴的夹角，满足 $\boldsymbol{u}_i \cdot \boldsymbol{u}_i = 1$ 或 $\boldsymbol{u}_i^{\mathrm{T}} \boldsymbol{u}_i = 1$，在钢丝绳索的张力足够大时 u_i 近似于该索弦长方向 $\overrightarrow{B_i A_i}$，即钢

丝绳形状用直线代替，$r_i = \begin{bmatrix} r_x & r_y & r_z \end{bmatrix}^T$为第$i$根索力作用点在快速随动圆盘局部坐标系中的位置矢径，T_i为第i根索的拉力，m根索组成的拉力矢量$T = \begin{bmatrix} T_1 & T_2 & \cdots & T_m \end{bmatrix}^T$，则系统的力和力矩平衡方程为：

$$JT + W = \begin{bmatrix} u_1 & u_2 & \cdots & u_m \\ r_1 \times u_1 & r_2 \times u_2 & \cdots & r_m \times u_m \end{bmatrix} \begin{bmatrix} T_1 & T_2 & \cdots & T_m \end{bmatrix}^T + \begin{bmatrix} F \\ M \end{bmatrix} = O$$

$$(5.11)$$

其中，J为与快速随动圆盘姿态和索张力方向相关的雅可比矩阵，W为并联索系统的广义力。

对于$m \geq n + 1$完全和冗余约束机构，对于姿态$X = (x, y, z, \Psi_x, \Psi_y, \Psi_z)^T$，其中$(x, y, x)$为局部坐标系原点$P$在全局坐标系$O-XYZ$的坐标，$(\Psi_x, \Psi_y, \Psi_z)$为快速随动圆盘的姿态角矢量，当平台所受外力$W$已知时，由式（5.11）得

$$T = J^+(-W) + (I - J^+J)\lambda \quad \lambda \in \mathbf{R}^m \quad (5.12)$$

式中，J^+是J的Moor-Penrose广义逆，$J^+ = J^T(JJ^T)^{-1}$

$N(J) = (I - J^+J)\lambda$是J的零空间矢量，$\lambda \in \mathbf{R}^m$为任意矢量，由于$J(I - J^+J)\lambda = (J - J)\lambda = 0$，对于活动平台的外载荷无贡献，只用于平衡钢索之间的内力，通过调整λ可以调整T大小。

依据式（5.11），由刚度定义，当快速随动圆盘发生位移$dS = (dxd\psi)^T$，系统广义力变化dW。

$$K = \frac{dW}{dS} = -\frac{d(JT)}{dS} = -J\frac{dT}{dS} - \frac{dJ}{dS}T = K_1 + K_2 \quad (5.13)$$

其中，K_1为系统被动刚度，与系统位置姿态有关，K_2为系统主动刚度，与系统位置姿态变化率及钢索张力T大小有关。

$$K_1 = -J\frac{dT}{dS} = -\sum_{i=1}^{m} J_i \frac{dT_i}{J_i^T dS} \frac{J_i^T dS}{dS} = -\sum_{i=1}^{m} J_i \frac{dT_i}{dL_i} \frac{J_i^T dS}{dS} = \sum_{i=1}^{m} K_{i,t} J_i J_i^T \quad (5.14)$$

其中，$K_{t,i}$为钢丝绳切线刚度，在钢丝绳为直线模型下，$K_{t,i} = -\frac{dT_i}{dL_i} = \frac{E_i A_i}{L_i}$，$E_i$，$A_i$，$L_i$分别为钢丝绳弹性模量、截面积和长度，$J_i$为$J$中的第$i$列向量。

$$K_2 = -\frac{dJ}{dS}T = \sum_{i=1}^{m} -\frac{d}{dS}\begin{pmatrix} u \\ r \times u \end{pmatrix}_i T_i \tag{5.15}$$

$$-\frac{d}{dS}\begin{pmatrix} u \\ r \times u \end{pmatrix}_i = \begin{pmatrix} -\dfrac{du}{dx} & -\dfrac{du}{d\psi} \\[3mm] -r \times \dfrac{du}{dx} - \dfrac{dr}{dx} \times u & -r \times \dfrac{du}{d\psi} - \dfrac{dr}{d\psi} \times u \end{pmatrix}_i \tag{5.16}$$

当圆盘发生平动位移 dx 时，$-\dfrac{dr}{dx} = 0$，张力单位矢量 u 变成 u'，$-\dfrac{du}{dx}$ 的推导过程如下：

$$-\frac{du}{dx} = \lim_{dx \to 0} -\frac{u' - u}{|dx|}$$

$$= \lim_{dx \to 0} -\frac{1}{|dx|}\left(\frac{Lu - dx}{\sqrt{(L - u \cdot dx)^2 + (u \times dx)^2}} - u \right)$$

$$= \lim_{dx \to 0} -\frac{1}{|dx|} \frac{Lu - dx - u\sqrt{L^2 - 2L(u \cdot dx) + |dx|^2}}{\sqrt{L^2 - 2L(u \cdot dx) + |dx|^2}}$$

由 $\sqrt{L^2 - 2L(u \cdot dx) + |dx|^2} = L - u \cdot dx + o(|dx|)$

$$= \lim_{dx \to 0} -\frac{1}{|dx|} \frac{-dx + u(u \cdot dx) + o(|dx|)}{\sqrt{L^2 - 2L(u \cdot dx) + |dx|^2}} \; 得$$

当 $dx = idx$ 时

$$-\frac{du}{dx} = \frac{i - i\cos\alpha\cos\alpha - j\cos\alpha\cos\beta - k\cos\alpha\cos\gamma}{L}$$

当 $dx = jdy$ 时

$$-\frac{du}{dx} = \frac{j - i\cos\beta\cos\alpha - j\cos\beta\cos\beta - k\cos\beta\cos\gamma}{L}$$

当 $dx = kdz$ 时

$$-\frac{du}{dx} = \frac{k - i\cos\gamma\cos\alpha - j\cos\gamma\cos\beta - k\cos\gamma\cos\gamma}{L}$$

综合以上结果：

$$-\frac{du}{dx} = \frac{1}{L}(I - uu^{\mathrm{T}}) \tag{5.17}$$

当平台发生转动 $d\Psi$ 时

$$-\frac{\mathrm{d}\boldsymbol{u}}{\mathrm{d}\boldsymbol{\Psi}} = -\frac{\mathrm{d}\boldsymbol{u}}{\mathrm{d}\boldsymbol{\Psi} \times \boldsymbol{r}}\frac{\mathrm{d}\boldsymbol{\Psi} \times \boldsymbol{r}}{\mathrm{d}\boldsymbol{\Psi}} = -\frac{\mathrm{d}\boldsymbol{u}}{\mathrm{d}\boldsymbol{x}}(\boldsymbol{I} \times \boldsymbol{r}) = \frac{1}{L}(\boldsymbol{I} - \boldsymbol{u}\boldsymbol{u}^{\mathrm{T}})(\times\boldsymbol{r})$$

由

$$-\frac{\mathrm{d}\boldsymbol{r}}{\mathrm{d}\boldsymbol{\Psi}} \times \boldsymbol{u} = -\frac{-\mathrm{d}L\boldsymbol{u}}{\mathrm{d}\boldsymbol{\Psi}} \times \boldsymbol{u} = -L\boldsymbol{u} \times \frac{\mathrm{d}\boldsymbol{u}}{\mathrm{d}\boldsymbol{\Psi}}$$

得

$$-\boldsymbol{r} \times \frac{\mathrm{d}\boldsymbol{u}}{\mathrm{d}\boldsymbol{\Psi}} - \frac{\mathrm{d}\boldsymbol{r}}{\mathrm{d}\boldsymbol{\Psi}} \times \boldsymbol{u} = -(\boldsymbol{r} + L\boldsymbol{u}) \times \frac{\mathrm{d}\boldsymbol{u}}{\mathrm{d}\boldsymbol{\Psi}} = -(\boldsymbol{A} - \boldsymbol{P}) \times \frac{\mathrm{d}\boldsymbol{u}}{\mathrm{d}\boldsymbol{\Psi}}$$

综合以上结果：

$$-\frac{\mathrm{d}}{\mathrm{d}S}\begin{pmatrix}\boldsymbol{u}\\\boldsymbol{r} \times \boldsymbol{u}\end{pmatrix}_i = \frac{1}{L}\begin{pmatrix}(\boldsymbol{I} - \boldsymbol{u}\boldsymbol{u}^{\mathrm{T}}) & (\boldsymbol{I} - \boldsymbol{u}\boldsymbol{u}^{\mathrm{T}})(\times\boldsymbol{r})\\(\boldsymbol{r} \times)(\boldsymbol{I} - \boldsymbol{u}\boldsymbol{u}^{\mathrm{T}}) & ((\boldsymbol{A} - \boldsymbol{P}) \times)(\boldsymbol{I} - \boldsymbol{u}\boldsymbol{u}^{\mathrm{T}})(\times\boldsymbol{r})\end{pmatrix}_i \quad (5.18)$$

其中，

$$(\boldsymbol{r} \times) = \begin{bmatrix} 0 & -r_z & r_y \\ r_z & 0 & -r_x \\ -r_y & r_x & 0 \end{bmatrix}$$

$$(\times\boldsymbol{r}) = \begin{bmatrix} 0 & r_z & -r_y \\ -r_z & 0 & r_x \\ r_y & -r_x & 0 \end{bmatrix} = (\boldsymbol{r} \times)^{\mathrm{T}}$$

$((\boldsymbol{A} - \boldsymbol{P}) \times)$为$(\boldsymbol{A} - \boldsymbol{P})$的旋量矩阵。

则系统总刚度为

$$\boldsymbol{K} = \boldsymbol{K}_1 + \boldsymbol{K}_2 = \sum_{i=1}^{m}\boldsymbol{K}_{i,t}\boldsymbol{J}_i\boldsymbol{J}_i^{\mathrm{T}} +$$

$$\sum_{i=1}^{m}\frac{T_i}{L_i}\begin{bmatrix}(\boldsymbol{I} - \boldsymbol{u}_i\boldsymbol{u}_i^{\mathrm{T}}) & (\boldsymbol{I} - \boldsymbol{u}_i\boldsymbol{u}_i^{\mathrm{T}})(\times\boldsymbol{r}_i)\\(\boldsymbol{r}_i \times)(\boldsymbol{I} - \boldsymbol{u}_i\boldsymbol{u}_i^{\mathrm{T}}) & ((\boldsymbol{A}_i - \boldsymbol{P}) \times)(\boldsymbol{I} - \boldsymbol{u}_i\boldsymbol{u}_i^{\mathrm{T}})(\times\boldsymbol{r}_i)\end{bmatrix} \quad (5.19)$$

5.3.1.3 钢丝绳切线刚度

由式（5.19）可知，并联索系统被动刚度与钢丝绳切线刚度有关，对于大跨度并联索系统，钢丝绳在自重影响下变成悬链线，不能直接用直线模型替代，因此其切线刚度需要考虑重力影响。

假设钢丝绳在空间通过两点A和B，且B点高于A点，在包含A、B两点的铅垂平面内，建立平面直角坐标系，并将A点选为坐标原点，同

时使 B 点位于第一象限，水平轴和垂直轴分别用 X、Y 表示。假设钢丝绳的线密度为 q，长为 L，l 为钢索水平跨度，h 为钢索两端相对高度，H 和 V 分别为索张力 T 的水平和垂直分量，且 H 沿整个索长是不变量，钢丝绳的悬链线方程可表示为：

$$y(x) = \frac{H}{q}\cosh\left(\frac{qx}{H} + C\right) + D \tag{5.20}$$

其中，C 和 D 为常数。

由 $y(0) = 0$ 以及 $y(l) = h$ 可得：

$$C = \ln\left(\frac{\frac{qh}{H} + \sqrt{\left(\frac{qh}{H}\right)^2 + 4\sinh^2\left(\frac{ql}{2H}\right)}}{\exp\left(\frac{ql}{H}\right) - 1}\right)$$

$$D = -\frac{H}{q}\cosh C$$

在圆盘钢丝绳连接处索力

$$T = H\sqrt{1 + \left(y'(0)\right)^2} = H\cosh C \tag{5.21}$$

当圆盘位置发生微小位移时，钢索悬跨度 l 和相对高度 h 发生变化，从而导致索张力 T 发生变化。依据相关文献，切线刚度 $K_{i,t}$：

$$K_{i,t} = \sqrt{\left(\frac{\partial T_i}{\partial l}\right)^2 + \left(\frac{\partial T_i}{\partial h}\right)^2} \tag{5.22}$$

当 $\frac{ql}{H} \le 0.5$ 时，忽略高阶小量后

$$\frac{\partial T_i}{\partial l} \approx \frac{\partial H}{\partial l}\frac{\sqrt{l^2 + h^2}}{l}$$

$$\frac{\partial T_i}{\partial h} \approx \frac{\partial H}{\partial h}\frac{\sqrt{l^2 + h^2}}{l}$$

其中，

$$\frac{\partial H}{\partial l} = \frac{2EA}{\sqrt{l^2 + h^2}}\left\{1 + \frac{q^2(L^2 + h^2)}{H^2}\frac{\exp\left(\frac{ql}{H}\right)}{\left[\exp\left(\frac{ql}{H}\right) - 1\right]^2} + \frac{q^2 l^3 EA}{6H^3\sqrt{l^2 + h^2}}\right\}^{-1} \tag{5.23}$$

$$\frac{\partial H}{\partial h} = \frac{2EAh}{l\sqrt{l^2+h^2}} \left\{ 1 + \frac{q^2(L^2+h^2)}{H^2} \frac{\exp\left(\dfrac{ql}{H}\right)}{\left[\exp\left(\dfrac{ql}{H}\right)-1\right]^2} + \frac{q^2l^3EA}{6H^3\sqrt{l^2+h^2}} \right\}^{-1} \quad (5.24)$$

$$L = \int_0^l \sqrt{1+\left(\frac{\mathrm{d}y}{\mathrm{d}x}\right)^2}$$

$$= \frac{H}{q}\left[\sinh\left(\frac{ql}{H}+C\right)-\sinh(C)\right]$$

$$= \frac{H}{q}\sqrt{\left(\frac{qh}{H}\right)^2+4\sinh^2\left(\frac{ql}{2H}\right)}$$

$$\approx \sqrt{l^2+h^2}\left[1+\frac{l^2}{24(l^2+h^2)}\left(\frac{ql}{H}\right)^2\right]$$

由式（5.22）、式（5.23）、式（5.24）可知，当 $\dfrac{ql}{H}\to 0$ 时，

$K_{i,t}\to\dfrac{EA}{\sqrt{l^2+h^2}}=EA/L$，$L$ 为钢丝绳长度，即钢丝绳的切线刚度随着所受

张力 T 增大，极限是形状为直线模型下的刚度 EA/L，因此要合理调节钢

丝绳的张力来增大切线刚度。由式（5.19）可知，通过调整 λ 可以调整 T

大小，进而调整系统的主动刚度和被动刚度。

5.3.1.4　钢丝绳组的张力规划及调试方法

钢丝绳组的驱动刚度主要取决于其张力的大小，预紧力越大则其刚

度越大。然而，预紧力不能选择过大，否则电机功率太大，会增加成本。

因此，只能折中，在满足驱动刚度的条件下，预紧力尽量小些。在驱动

刚度设计和驱动电机选择完成后，预紧力的规划目标是，无论快速随动

圆盘运动到工作空间中的任何位置，36根钢丝绳的张力，特别是其中的

下斜拉、水平刚度调节钢丝绳张力均接近设计设定值，以获得高驱动刚

度，但这受平衡方程（5.11）的制约，一般无法实现。

这里采用优化计算方法来规划钢丝绳组的张力，优化问题如式

（5.25）所示，以36根钢丝绳的张力大小为规划变量，优化目标是使下斜

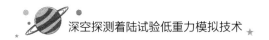

拉、水平刚度调节两组钢丝绳张力与其平均值的误差平方和最小，其中张力平衡方程（5.11）作为约束来处理，优化在18维空间内直接搜索。

$$\min f\left(\boldsymbol{T}_{\mathrm{B}}, \boldsymbol{T}_{\mathrm{T}}, \boldsymbol{T}_{\mathrm{H}}\right) = \frac{1}{2}\sum_{i=1}^{6}\left(T_{\mathrm{B}i} - \frac{1}{6}\sum_{j=1}^{6}T_{\mathrm{B}j}\right)^2 +$$

$$\frac{1}{2}\sum_{i=1}^{6}\left(T_{\mathrm{T}i} - \frac{1}{6}\sum_{j=1}^{6}T_{\mathrm{T}j}\right)^2 +$$

$$\frac{1}{2}\sum_{i=1}^{6}\left(T_{\mathrm{H}i} - \frac{1}{6}\sum_{j=1}^{6}T_{\mathrm{H}j}\right)^2$$

$$\mathrm{s.t.} \quad \boldsymbol{J}_{\mathrm{B}}^{\mathrm{T}}\boldsymbol{T}_{\mathrm{B}} + \boldsymbol{J}_{\mathrm{T}}^{\mathrm{T}}\boldsymbol{T}_{\mathrm{T}} + \boldsymbol{J}_{\mathrm{H}}^{\mathrm{T}}\boldsymbol{T}_{\mathrm{H}} = \boldsymbol{F}_{\mathrm{G}}$$

$$\frac{1}{6}\sum_{j=1}^{6}T_{\mathrm{B}j} = T_{\mathrm{Bave}}$$

$$\frac{1}{6}\sum_{j=1}^{6}T_{\mathrm{T}j} = T_{\mathrm{Tave}}$$

$$T_{\mathrm{Bmin}} \leqslant T_{\mathrm{B}i} \leqslant T_{\mathrm{Bmax}}$$

$$T_{\mathrm{Tmin}} \leqslant T_{\mathrm{T}i} \leqslant T_{\mathrm{Tmax}} \quad (i = 1, 2, \cdots, 6)$$

$$T_{\mathrm{Hmin}} \leqslant T_{\mathrm{H}i} \leqslant T_{\mathrm{Hmax}} \tag{5.25}$$

式中，T_{Bmin}、T_{Bave} 和 T_{Bmax} 分别是下斜拉钢丝绳张力的下界、均值和上界约束，T_{Tmin}、T_{Tave} 和 T_{Tmax} 分别是水平刚度调节钢丝绳张力的下界、均值和上界约束，T_{Hmin} 和 T_{Hmax} 分别是主提升钢丝绳张力的上下界限约束。

根据快速圆盘的高度，设定下斜拉钢丝绳的平均张力 T_{Bave} 和 T_{Tave} 后，应用式（5.25）可以求出圆盘在这一高度下不同位置时，36根斜拉钢丝绳的张力。钢丝绳的张力与长度不是独立的。设备调整时，可通过驱动电机调整钢丝绳的长度以调节其张力大小，同时张力大小可通过电机的扭矩来监控。调整好后，记录实际长度与按直线假设计算的长度差值 $\Delta l_i(x, y, z)(i = 1, 2, \cdots, 18)$，以便编程。

受标定调整点数不宜太多的制约，把快速随动圆盘的工作空间剖分成规则的长方形网格，仅在网格点上进行标定，获取实际长度差值 $\Delta l_i(x_m, y_l, z_n)(i = 1, 2, \cdots, 18)$，其中 $(x_m,, y_l, z_n)$ 表示网格点坐标。这些数据以多维数组形式存储在计算机中，当快速随动圆盘运动到空间某一位置时，可直接找到其基准点 $O_1(x, y, z)$ 所处的网格，以及网格8个顶点处的绳长误差值 $\Delta l_i^j(i = 1, 2, \cdots, 18; j = 1, 2, \cdots, 8)$，其中 j 表示顶点编号。这样，快速随动圆盘在这一位置的绳长误差值 $\Delta l_i(x, y, z)(i = 1, 2, \cdots, 18)$，可通过插值来近似

$$\Delta l_i(x, y, z) = \sum_{j=1}^{8} \Delta l_i^j N^j(\xi, \eta, \zeta) \tag{5.26}$$

其中 $N^j(\xi, \eta, \zeta)$ 为双线性插值基函数，其中的坐标 (ξ, η, ζ) 为网格局部坐标。

最后，在圆盘运动空间内，按2m网格间距，优化计算每个网格点上36根钢丝绳组的张力，通过数值计算分析，总结钢丝绳组驱动快速随动系统在6个自由度方向上的刚度与36根钢丝绳预紧力大小及分配的关系，并通过数据进行拟合及误差分析，对数据点进行简化，确定最终的调试点数量、位置和预紧力表，给出钢丝绳组的现场调试方案。

5.3.1.5 并联索驱动系统刚度计算

图5.12是圆盘分别在20，50，80m高度情况下，单根下斜拉索、水平刚度调节索和主提升索的刚度随着索张力变化曲线。从图中可以看出：

① 当预紧力小于5kN时，索的刚度很低。

② 对于下斜拉索，在5~10kN范围内，随预紧力的增加，刚度几乎成正比增大。

③ 对于水平刚度调节索，在5~15kN范围内，随预紧力的增加，刚度成正比增大。

④ 对于主提升索，在2~5kN范围内，随预紧力的增加，刚度增大。

⑤ 当预紧力大于一定限度后，切线刚度趋于饱和状态。

因此，考虑系统刚度要求及电机功率上限限制，对于单根下斜拉索和水平刚度调节索，张力参考点可设在10~20kN，其中13~15kN是合适的参考点；对于主提升索，张力参考点可设在12~15kN。

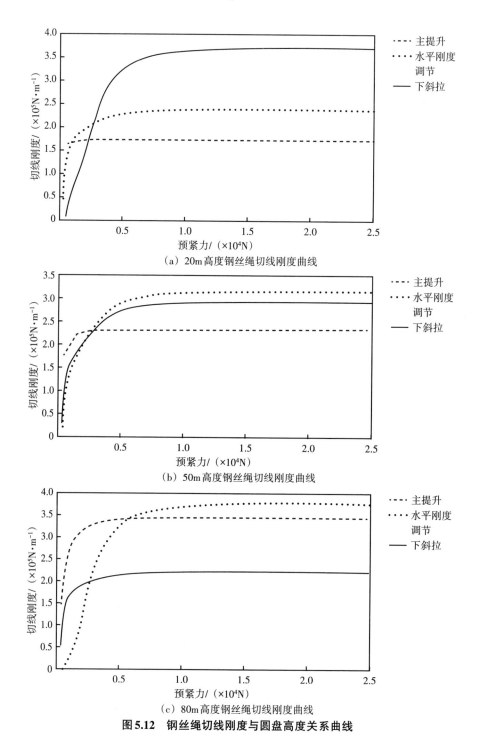

（a）20m高度钢丝绳切线刚度曲线

（b）50m高度钢丝绳切线刚度曲线

（c）80m高度钢丝绳切线刚度曲线

图5.12 钢丝绳切线刚度与圆盘高度关系曲线

图5.13给出了快速圆盘位于45m高度位置时，圆盘的6维刚度计算结果，图中垂直坐标为刚度大小，水平坐标为圆盘位置。

从图5.13可看出，水平X、Y方向的平移刚度在圆盘位于试验场中心位置最大，圆盘位于试验场边界位置时较小，然而Z方向垂直平移刚度在圆盘位于试验场中心位置最小，圆盘位于试验场边界位置时较大。同时，绕X、Y、Z方向的扭转刚度，在圆盘位于试验场中心位置时，呈极小点。

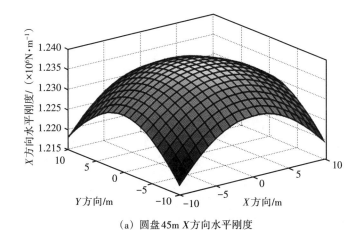

（a）圆盘45m X方向水平刚度

（b）圆盘45m Y方向水平刚度

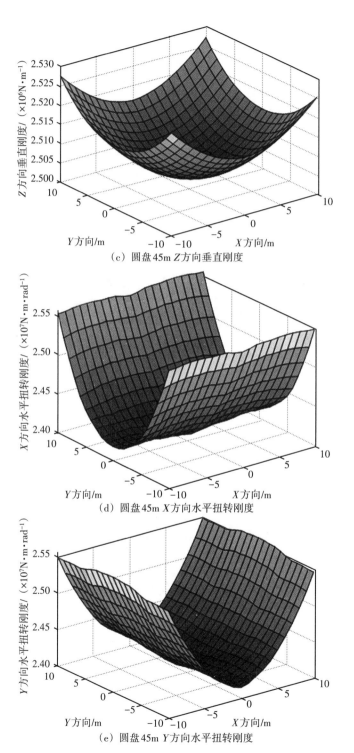

（c）圆盘45m Z方向垂直刚度

（d）圆盘45m X方向水平扭转刚度

（e）圆盘45m Y方向水平扭转刚度

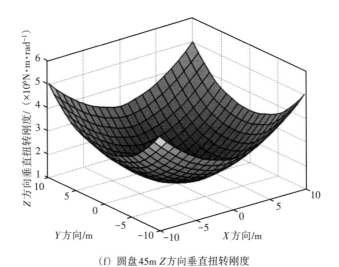

（f）圆盘45m Z方向垂直扭转刚度

图5.13　圆盘45m高度6维刚度曲线

图5.14给出了快速圆盘6维刚度随着圆盘高度变化的曲线。每幅图中包括3条曲线，分别为圆盘位于不同高度水平面20m×20m范围内的刚度最大值、平均值和最小值。

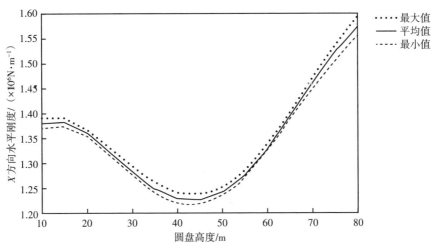

（a）X方向水平刚度与圆盘高度关系曲线

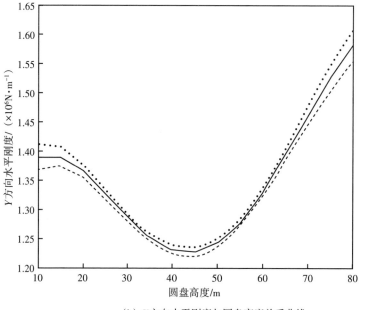

（b）Y方向水平刚度与圆盘高度关系曲线

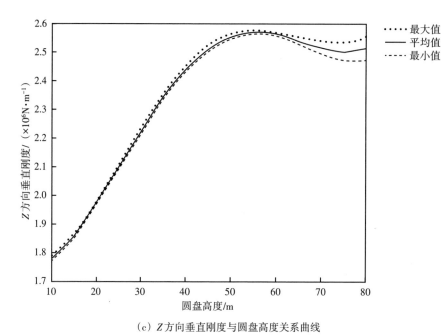

（c）Z方向垂直刚度与圆盘高度关系曲线

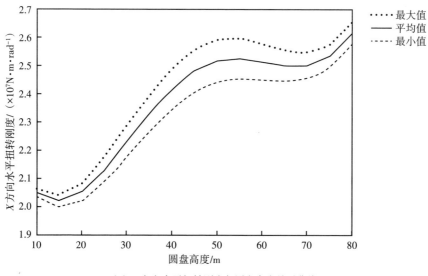

（d）X方向水平扭转刚度与圆盘高度关系曲线

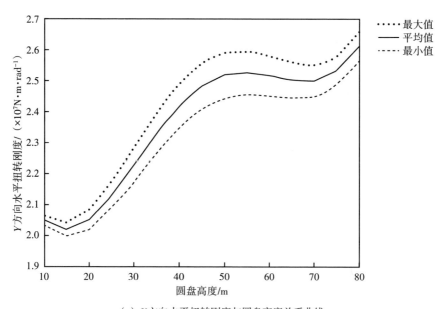

（e）Y方向水平扭转刚度与圆盘高度关系曲线

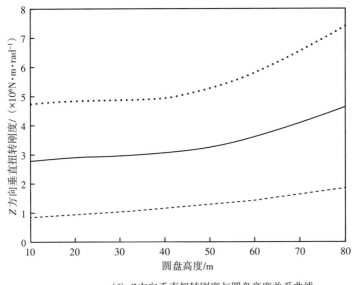

（f）Z方向垂直扭转刚度与圆盘高度关系曲线

图5.14　系统六维刚度与圆盘高度关系曲线

从图5.14可看出，X，Y和Z方向的平移刚度量级相当，Z垂直方向平移刚度稍大些，水平刚度在10m高度主要由下斜拉索决定，在80m高度主要由水平刚度调节索决定，刚度变化规律符合系统结构条件。从刚度数值上来看，最小水平平移刚度为1.21kN/mm，当20t重的圆盘按1.5m/s²加速时，产生的惯性力会使圆盘水平平移，产生27mm的滞后。圆盘10m高时最小垂直平移刚度为1.8kN/mm，当20t重的圆盘按2.6m/s²向上加速时，产生的惯性力会使圆盘垂直滞后29mm，为厘米量级，系统刚度满足设计要求。

5.3.1.6　并联索组驱动圆盘速度计算

快速随动圆盘运动速度计算相对简单，出绳或收绳速度即圆盘速度在绳方向的投影。

当电机工作在额定转速1750r/min，最大转速2280r/min。根据减速比和滚筒直径，直接计算可求得并联索驱动单元滚筒的额定出绳速度为11.2m/s，最大出绳速度为14.6m/s。

　　图 5.15 给出了圆盘沿坐标轴方向的最小额定速度与圆盘高度关系曲线。从图可以看出，当电机按最大额定速度运行时，圆盘在工作空间中最小额定速度为：垂直 Z 方向 11.3m/s，水平 X 方向 11.2m/s，水平 Y 方向 11.6m/s。

　　图 5.16 所示是圆盘沿试验空间对角线方向额定速度与圆盘高度关系曲线，最小额定速度为 11.2m/s。

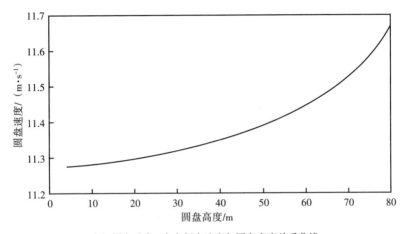

（a）圆盘垂直 Z 方向额定速度与圆盘高度关系曲线

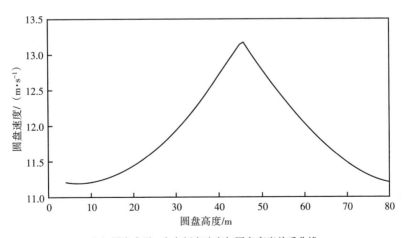

（b）圆盘水平 X 方向额定速度与圆盘高度关系曲线

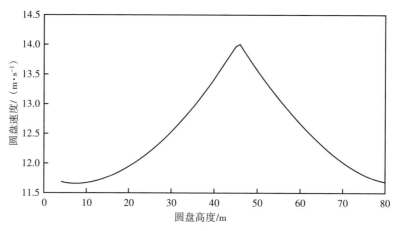

（c）圆盘水平 Y 方向额定速度与圆盘高度关系曲线

图5.15   圆盘沿坐标轴方向最小额定速度与圆盘高度关系曲线

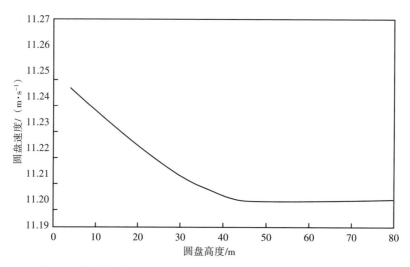

图5.16   圆盘沿试验空间对角线方向额定速度与圆盘高度关系曲线

5.3.1.7   并联索组驱动圆盘加速度计算

计算圆盘的加速度稍微复杂些。考虑并联索预紧力时，需要建立圆盘悬挂空中的静力平衡方程，扣除保持圆盘平衡所需的电机扭矩，求出25台电机的剩余驱动力，再利用变形协调条件计算惯性力分配系数，应用牛顿第二定律便可求出圆盘在所求方向上的加速度。

计算模型为

$$
\begin{aligned}
&\min -\boldsymbol{F}_{\mathrm{d}}\\
&\text{s.t. } \boldsymbol{J}_{\mathrm{B}}^{\mathrm{T}}\boldsymbol{T}_{\mathrm{B}}+\boldsymbol{J}_{\mathrm{T}}^{\mathrm{T}}\boldsymbol{T}_{\mathrm{T}}+\boldsymbol{J}_{\mathrm{H}}^{\mathrm{T}}\boldsymbol{T}_{\mathrm{H}}-\boldsymbol{F}_{\mathrm{d}}\boldsymbol{E}_{\mathrm{d}}=\boldsymbol{F}_{\mathrm{G}}\\
&\quad T_{\mathrm{B\,min}}\leqslant T_{\mathrm{B}i}\leqslant T_{\mathrm{B\,max}}\\
&\quad T_{\mathrm{T\,min}}\leqslant T_{\mathrm{T}i}\leqslant T_{\mathrm{T\,max}}\qquad(i=1,2,\cdots,6)\\
&\quad T_{\mathrm{H\,min}}\leqslant T_{\mathrm{H}i}\leqslant T_{\mathrm{H\,max}}\\
&\quad 0\leqslant F_{\mathrm{d}}
\end{aligned}
\tag{5.27}
$$

式中，$\boldsymbol{F}_{\mathrm{d}}$ 为所求方向 $\boldsymbol{E}_{\mathrm{d}}$ 上的驱动力，例如 $\boldsymbol{E}_{\mathrm{d}}=[\,0\quad 0\quad 1\,0\quad 0\quad 0\,]^{\mathrm{T}}$ 时，求得为 Z 正方向最大驱动力 $\boldsymbol{F}_{\mathrm{max}}$。它除以圆盘质量即为所求方向的最大加速度。

图5.17给出了电机按额定扭矩输出、考虑并联索预紧力条件下，同时并联索分别沿坐标轴方向驱动圆盘运动，圆盘能达到的加速度随着圆盘高度变化的曲线。每幅图中包括3条曲线，分别为圆盘位于不同高度平面20m×20m范围内能达到的加速度最大值、平均值和最小值。

从图5.17可看出，由于在试验场水平坐标角点或边界处，下斜拉索张力或水平刚度调节索张力达到电机输出的额定值，导致圆盘水平额定加速度为零，且整个水平面的平均加速度达不到 $1.5\,\mathrm{m/s^2}$。圆盘垂直额定加速度略好，但受水平刚度调节索张力的限制，在圆盘高度小于7m，大于67m高，也出现额定加速度为零的现象。

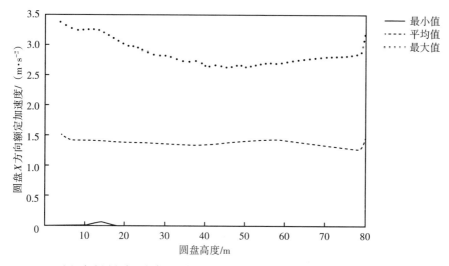

（a）考虑圆盘索预紧条件下，圆盘 X 方向额定加速度与圆盘高度关系曲线

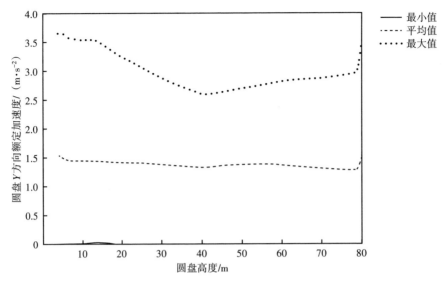

（b）考虑圆盘索预紧条件下，圆盘 Y 方向额定加速度与圆盘高度关系曲线

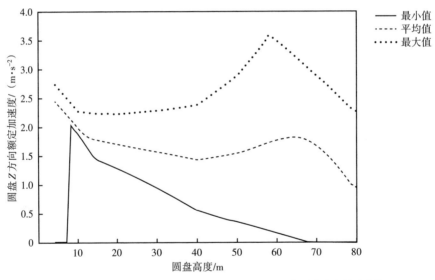

（c）考虑圆盘索预紧条件下，圆盘 Z 方向额定加速度与圆盘高度关系曲线

图5.17 考虑预紧，圆盘沿坐标轴方向额定加速度与圆盘高度关系

图5.18给出了电机按最大扭矩输出、考虑并联索预紧力条件下，同时并联索分别沿坐标轴方向驱动圆盘运动，圆盘能达到的加速度随着圆盘高度变化的曲线。每幅图中包括3条曲线，分别为圆盘位于不同高度

平面20m×20m范围内能达到的加速度最大值、平均值和最小值。

从图5.18可看出，当电机按最大扭矩输出时，在考虑并联索预紧力条件下，沿坐标轴方向能达到的加速度分别为：垂直Z方向4.0 m/s^2，水平Y方向1.7 m/s^2，水平X方向1.8 m/s^2，满足设计要求。

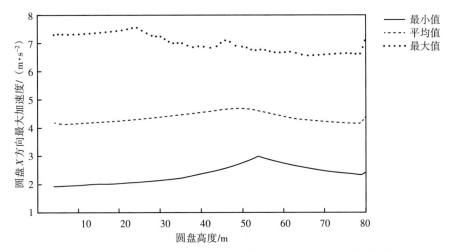

（a）考虑圆盘索预紧条件下，圆盘X方向最大加速度与圆盘高度关系曲线

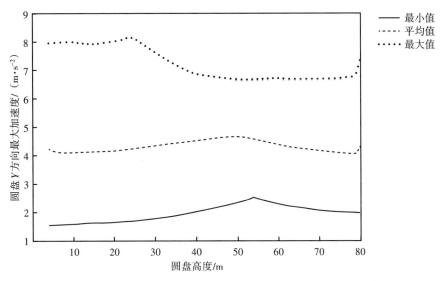

（b）考虑圆盘索预紧条件下，圆盘Y方向最大加速度与圆盘高度关系曲线

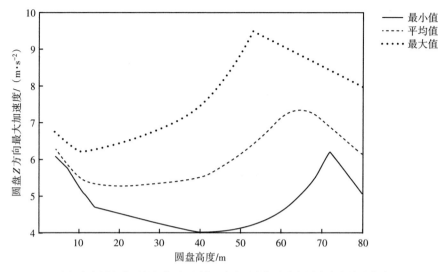

（c）考虑圆盘索预紧条件下，圆盘Z方向最大加速度与圆盘高度关系曲线

图5.18　考虑预紧，圆盘沿坐标轴方向最大加速度与圆盘高度关系

5.3.2　位置随动和拉力控制系统建模分析

整个随动控制系统比较复杂，可分成6个子系统来描述，包括主提升随动子系统、水平刚度调节驱动子系统、下斜拉驱动子系统、钢丝绳组和圆盘子系统、安装在圆盘上的快速水平随动子系统、拉力卸荷与精调子系统等。每个子系统具体由伺服电机、减速器、钢丝绳和滚筒、丝杠和螺母或齿轮齿条，以及滚动导轨等构成，它们协调工作完成复杂的力和位置随动控制任务。下面分别介绍伺服电机、并联索驱动单元、拉力控制单元和快速水平随动工作台单元的建模方法与仿真方案。

5.3.2.1　交流伺服电机控制模型

交流伺服电机采用磁场定向控制，可以等效成直流电机，采用直流电机模型来表示。例如，对于交流永磁同步伺服电机，采用两相回转坐标系，其数学模型可写为

$$u_q = \frac{\mathrm{d}\varphi_q}{\mathrm{d}t} + p\varphi_d\omega + Ri_q \left.\begin{array}{c} \\ \\ \end{array}\right\}$$
$$u_d = \frac{\mathrm{d}\varphi_d}{\mathrm{d}t} + p\varphi_q\omega + Ri_d$$
$$\tag{5.28}$$

$$\left.\begin{array}{c} \varphi_q = L_q i_q \\ \varphi_d = L_d i_d + \psi_f \end{array}\right\} \tag{5.29}$$

$$M_e = \frac{3}{2}p\psi_f i_q + \frac{3}{2}p\left(L_d - L_q\right)i_q i_d \tag{5.30}$$

其中，下标 d、q 分别表示两相旋转坐标系的直轴和交轴，u_d、u_q 为直轴和交轴的电枢电压，i_d、i_q 为直轴和交轴的电枢电流，φ_d、φ_q 为直轴和交轴的磁链，L_q、L_d 为直轴和交轴的电枢电感，R 为直轴和交轴的电枢电阻，p 为电枢绕组的极对数，ψ_f 为转子永磁体的磁链，ω 为转子的角速度，M_e 为电机输出扭矩。

在交流永磁同步伺服电机方程的数学模型中，式（5.28）为定子电枢的电压方程。根据其中第二式直轴电压方程，控制直轴电压 u_d，实现直轴电流 i_d 为零，使定子电流只有交轴分量，实现磁场的定向控制。这时，定子磁链和转子磁链垂直，电机扭矩方程（5.30）简化为

$$M_e = \frac{3}{2}p\psi_f i_q \tag{5.31}$$

同时，将磁链方程式（5.29）代入电压方程式（5.28）的第一式，可得电机电枢电流交轴分量所满足的方程

$$u_q = L_q\frac{\mathrm{d}i_q}{\mathrm{d}t} + p\psi_f\omega + Ri_q \tag{5.32}$$

从式（5.31）和式（5.32）可以看出，交流永磁同步伺服电机采用磁场定向控制后，其数学模型与直流电机完全相同。对于交流异步伺服电机，采用磁场定向控制策略也有类似的结果，可以用直流电机来模拟。

可以看出，交流永磁同步伺服电机采用磁场定向控制后，其数学模型与直流电机完全相同。对于交流异步伺服电机，采用磁场定向控制策略也有类似的结果，可以用直流电机来模拟。

为叙述方便，按直流电动机描述方式，将交流伺服电机等效模型式（5.31）和式（5.32）重写为

$$U = RI + L\frac{\mathrm{d}I}{\mathrm{d}t} + E$$
$$E = K_e\omega \tag{5.33}$$
$$M_e = K_t I$$

式中，采用 U、I、L 表示式（5.28）、式（5.29）中的 u_q、i_q 和 L_q，$K_e = P\psi_f$ 为反馈电动势系数，$K_t = 1.5p\psi_f$ 为转矩系数。

设电机轴的动力学方程为

$$M_e - M_L = J\frac{\mathrm{d}\omega}{\mathrm{d}t} \tag{5.34}$$

式中，M_L 为电机的负载转矩，J 为电力系统折算到电机轴上的转动惯量。
根据式（5.33）和式（5.34），可得

$$\left. \begin{aligned} U - E &= R\left(I + T_e\frac{\mathrm{d}I}{\mathrm{d}t}\right) \\ I - I_L &= \frac{J}{K_e K_t}\frac{\mathrm{d}E}{\mathrm{d}t} \end{aligned} \right\} \tag{5.35}$$

式中，$T_e = L/R$ 是电枢回路的电磁时间常数，$I_L = M_L/K_t$ 为等效负载电流。

将式（5.35）进行拉氏变换，得到

$$\left. \begin{aligned} \frac{I(s)}{U(s) - E(s)} &= \frac{1/R}{T_e s + 1} \\ \frac{E(s)}{I(s) - I_L(s)} &= \frac{K_e K_t}{Js} \end{aligned} \right\} \tag{5.36}$$

此时，伺服电机以电枢电压、负载扭矩作为输入端，以输出扭矩和角速度作为输出端的等效电机模型如图5.19所示。

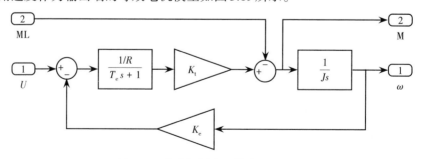

图5.19 交流伺服电机等效数学模型

交流伺服电机位置控制一般采用三环控制方式，包括电流环、速度环和位置环。电流环主要由电流反馈环节、滤波器、限幅环节、PARK坐标变换、脉宽调制和功率放大、电机以及电流环控制器组成，如图5.20所示。

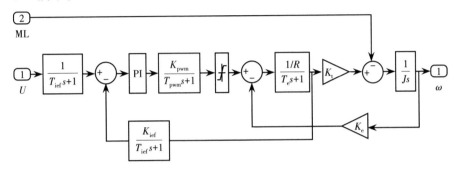

图5.20　电流环结构图

其中，电流反馈环节包含低通滤波器，可用惯性环节来表示；PARK坐标变换、脉宽调制和功放为延迟环节，也可简化为惯性环节来描述，其传递函数可写为

$$\left.\begin{array}{l} G_{\text{ief}}(s) = \dfrac{K_{\text{ief}}}{T_{\text{ief}}s + 1} \\[3mm] G_{\text{pwm}}(s) = K_{\text{pwm}}e^{-T_{\text{pwm}}} \approx \dfrac{K_{\text{pwm}}}{T_{\text{pwm}}s + 1} \end{array}\right\} \tag{5.37}$$

式中，G_{ief}、K_{ief}、T_{ief} 为电流反馈环节的传递函数、放大系数和延迟时间，G_{pwm}、K_{pwm}、T_{pwm} 为坐标变换、脉宽调制和功放等环节的传递函数、放大系数和延迟时间。电流环控制器常采用PI控制器，传递函数为

$$W_{\text{ACR}}(s) = K_{\text{P}} + \frac{K_{\text{I}}}{s} \tag{5.38}$$

式中，K_{P} 是电流调节器的比例系数，K_{I} 为电流调节器的时间常数。

对于电流环，从稳态角度，要求做到无静差，以获得良好的堵转特性；从动态角度，要求能跟踪给定的电流，超调越小越好。因此，一般将电流环校正成Ⅰ型系统。

在电流环的设计过程中，由于电流环响应非常快，可忽略反馈电动势的影响，并先将限幅环节去掉。这样，采用零点对消原理，消掉调节

器时间常数 $K_{\mathrm{P}}/K_{\mathrm{I}}$ 与电机电气时间常数 T_{e}，用 PI 调节器的零点对消被控电机大惯性环节的极点，电流环可简化为图 5.21 所示结构。

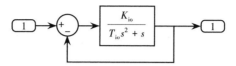

图5.21 电流环简化结构图

图中 K_{io}、T_{io} 为电流环开环增益和时间常数，满足

$$\left.\begin{array}{l} K_{\mathrm{io}} = K_{\mathrm{i}}K_{\mathrm{ief}}K_{\mathrm{pwm}}/R \\ T_{\mathrm{io}} = T_{\mathrm{pwm}} + T_{\mathrm{ief}} \end{array}\right\} \tag{5.39}$$

根据图 5.21 所示，可得电流环的简化闭环传递函数 $G_{\mathrm{I}}(s)$ 为

$$G_{\mathrm{I}}(s) = \frac{1}{K_{\mathrm{ief}}} \frac{\omega_{\mathrm{n}}^2}{s^2 + 2\xi\omega_{\mathrm{n}}s + \omega_{\mathrm{n}}^2} \tag{5.40}$$

其中，ξ、ω_{n} 为电流环闭环阻尼比和固有频率，满足

$$\left.\begin{array}{l} 2\xi\omega_{\mathrm{n}} = \dfrac{1}{T_{\mathrm{io}}} \\[2mm] \omega_{\mathrm{n}}^2 = \dfrac{K_{\mathrm{io}}}{T_{\mathrm{io}}} \end{array}\right\} \tag{5.41}$$

根据二阶系统最佳设计原理，选取最佳阻尼比 $\xi = \sqrt{2}/2$，可以得到电流环 PI 调节器参数为

$$\left.\begin{array}{l} K_{\mathrm{I}} = \dfrac{R}{2T_{\mathrm{io}}K_{\mathrm{ief}}K_{\mathrm{pwm}}} \\[2mm] K_{\mathrm{P}} = K_{\mathrm{I}}K_{\mathrm{e}} \end{array}\right\} \tag{5.42}$$

速度环控制器一般也采用 PI 控制器，为简化其参数选取，常先将整定好的电流环高频环节做降阶近似处理，将闭环传递函数简化为

$$G_{\mathrm{I}}(s) = \frac{1/K_{\mathrm{ief}}}{2T_{\mathrm{io}}s + 1} \tag{5.43}$$

降阶近似处理条件为 $\omega_{\mathrm{c}} \leqslant \dfrac{1}{3}\sqrt{\dfrac{1}{2T_{\mathrm{io}}^2}}$。这样，将电流环简化为时间常数是 $2T_{\mathrm{io}}$ 的一节惯性环节，作为速度环的内环，速度环结构图如 5.22 所示。

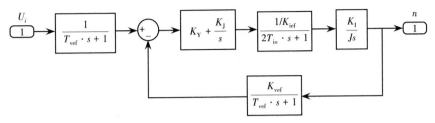

图5.22　速度环结构图

　　将速度环的开环传递函数做进一步降阶简化,可得速度环的简化结构如图5.23所示,以及简化开环传递函数。

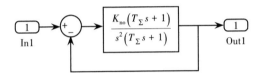

图5.23　速度环简化结构图

$$G(s) = \frac{K_{no}(T_{\Sigma}s + 1)}{s^2(T_{no}s + 1)} \tag{5.44}$$

其中, $K_{no} = \dfrac{K_I K_t K_{vef}}{J K_{ief}}$, $T_{\Sigma} = \dfrac{K_P}{K_I}$, $T_{no} = T_{vef} + 2T_{io}$。

　　速度环PI调节器包括K_P和K_I两个参数,为保证快速性,可按典型Ⅱ型系统确定其参数,采用M_{min}准则确定系统参数时,有

$$\left.\begin{aligned} T_{\Sigma} &= hT_{no} \\ K_{no} &= \frac{h + 1}{2h^2 T_{no}^2} \end{aligned}\right\} \tag{5.45}$$

其中,中频带宽h根据系统对动态性能的要求来决定,无特殊要求时取5为好。

　　根据式(5.44)和式(5.45),可求得速度环PI调节器参数

$$\left.\begin{aligned} K_I &= \frac{(h + 1)K_{ief}J}{2h^2 T_{no}^2 K_{vef} K_t} \\ K_P &= hK_I T_{no} \end{aligned}\right\} \tag{5.46}$$

　　综上所述,交流伺服电机的速度控制系统可采用图5.24(a)来描述,图5.24(b)是其封装图。

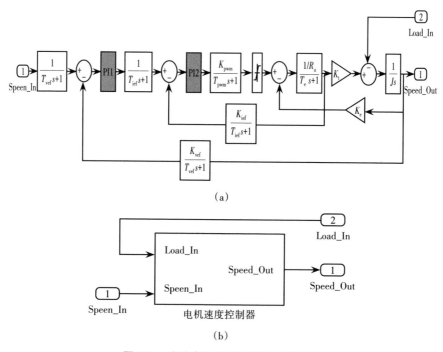

（a）

（b）

图5.24 交流电机的速度控制系统框图

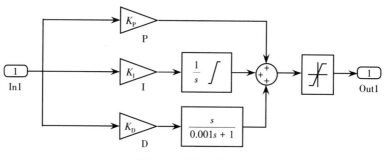

图5.25 位置环控制器

　　将交流伺服电机的速度控制系统（见图5.24）和位置环控制器（见图5.25）相组合，便可得到如图5.26（a）所示的交流电机的位置控制系统。为便于集成，可将图5.26（a）中积分环节也进行封装，见图5.26（b）。

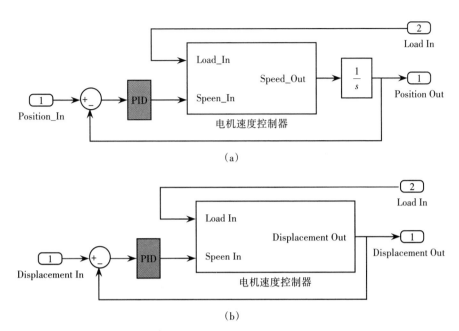

图5.26 交流电机的位置控制系统框图

为实现位移无超调，位置环控制器通常选择P控制器。但对于随动控制系统，可采用PID控制器，如图5.25所示。它由比例环节、积分环节和微分环节组成，其中K_P、K_I和K_D分别是比例环节、积分环节和微分环节增益，$K_I = 1/T_I$，$K_D = T_D$，T_I和T_D是积分环节和微分环节的时间常数，传递函数为

$$G_{PID}(s) = K_P + \frac{K_I}{s} + K_D s = K_P + \frac{1}{T_I s} + T_D s \qquad (5.47)$$

5.3.2.2 水平快速随动系统控制模型

水平快速移动子系统安装在圆盘上，由电机、齿轮齿条、导轨和移动托板组成，托板分上下两层。为方便叙述，按实际空间位置，将上层托板简称为托板，下托板称作工作台。拉力卸荷与精调装置即安装在工作台上，并由水平快速移动子系统驱动其做两个水平方向的随动。由于圆盘通过钢丝绳组悬挂在空中，快速圆盘移动时，受托板、工作台等移动质量惯性力作用，圆盘将产生小幅晃动。

齿轮齿条驱动托板移动的仿真框图可用图 5.27（a）来表示，图 5.27（b）为其封装成子系统的简化图。

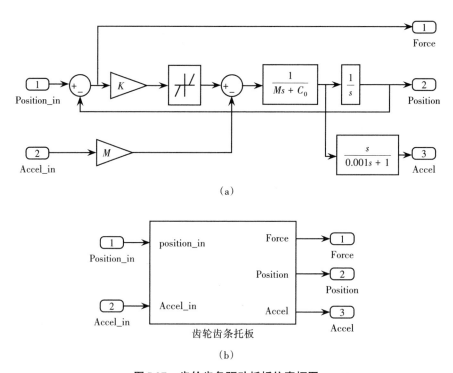

（a）

（b）

图 5.27　齿轮齿条驱动托板仿真框图

图 5.27（a）中 K 为齿轮齿条的传动刚度。

5.3.2.3　拉力卸荷与精调控制系统控制模型

图 5.28 是探测器位移、速度和加速度扰动的仿真框图，用于仿真拉力卸荷与精调控制系统的扰动输入，模拟了 4 种不同频率和幅值正弦干扰信号，直接叠加在探测器的输入上。

图 5.29 是拉力卸荷与精调子系统功能结构图，它由 3 台伺服电机、扭矩传感器、拉力传感器、减速器、吊绳和滚筒等组成。功率较大的两台伺服电机用于拉力卸荷，另一台功率较小的用于拉力精调，它们都工作于扭矩控制方式。为提高控制精度，一台大功率电机和较小功率电机工作于闭环控制方式。仿真框图 5.30 模型中综合考虑了探测器的速度、

加速度，以及电机扭矩脉动等对拉力控制精度的影响。图5.31是拉力卸荷与精调控制子系统的封装简化图，用于系统集成。

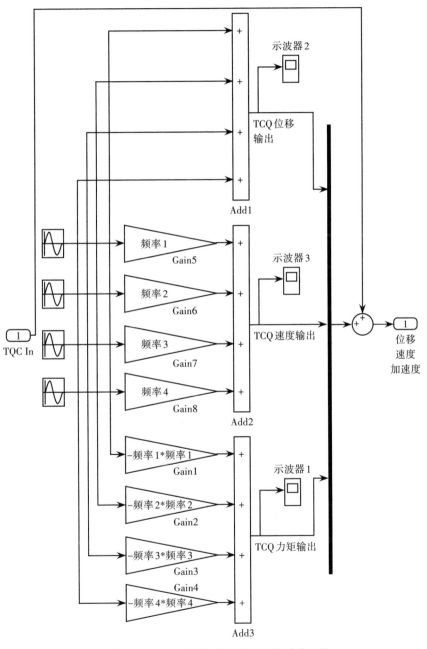

图5.28 拉力卸荷与精调控制系扰动输入图

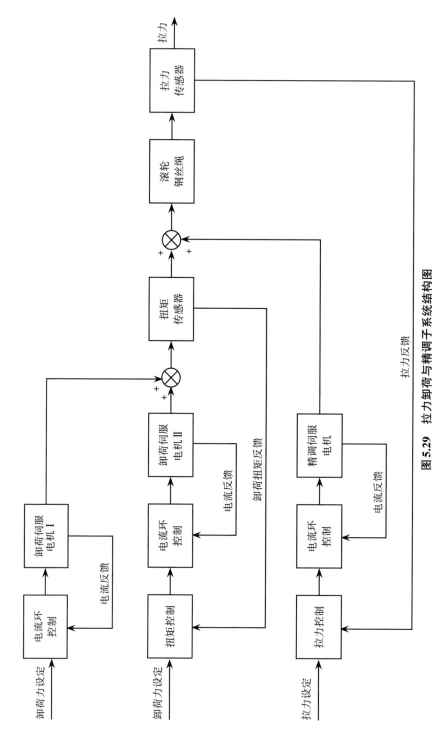

图5.29 拉力卸荷与精调子系统结构图

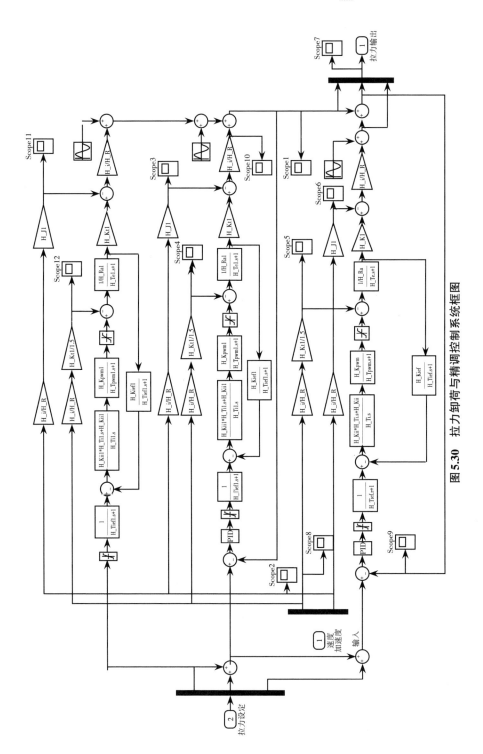

图 5.30 拉力卸荷与精调控制系统框图

图5.31 拉力卸荷与精调控制子系统封装图

5.3.2.4 并联索驱动快速圆盘三维运动控制模型

主提升、水平刚度调节和下斜拉驱动子系统传动型式相同，都分别由6套伺服电机、减速器、滚筒和钢丝绳构成，3个子系统的结构类似。这3个并联索驱动子系统共同驱动圆盘三维运动，并通过圆盘和并联索将主提升、水平刚度调节和下斜拉驱动子系统耦合起来，形成联动系统。

图5.32是单台伺服电机、滚筒钢丝绳驱动系统框图，输入为出绳速度，输出为绳长。

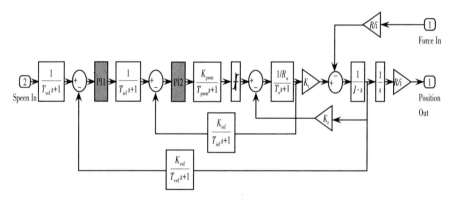

图5.32 单台伺服电机、滚筒钢丝绳驱动系统框图

图5.33为将单台伺服电机、滚筒钢丝绳驱动系统封装为子系统后，构造的下斜拉6台伺服电机驱动子系统结构框图，其中每台伺服电机都工作在图5.32所示的速度控制方式。主提升驱动子系统、水平刚度调节驱动子系统与下斜拉驱动子系统结构相同，这里不再赘述。

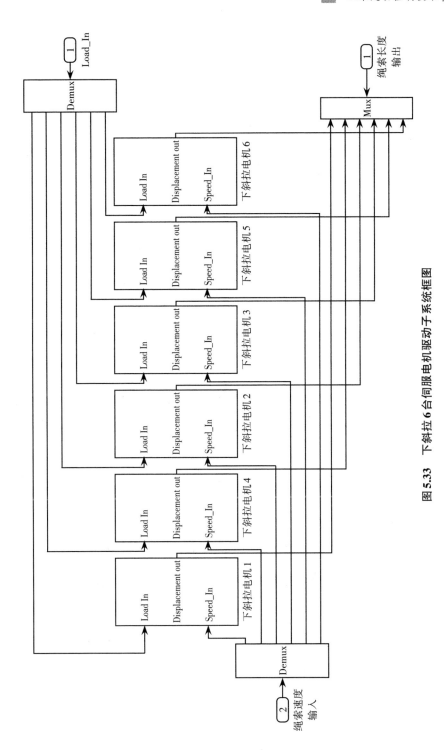

图 5.33 下斜拉 6 台伺服电机驱动子系统框图

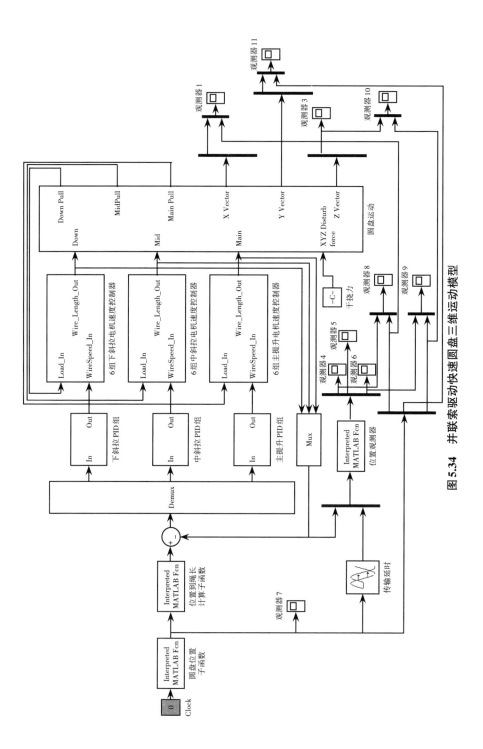

图 5.34 并联索驱动快速圆盘三维运动模型

　　当圆盘三维运动工作在非随动方式时，将由主提升、水平刚度调节和下斜拉驱动3套子系统直接驱动，3套子系统中的伺服电机工作在位置控制方式，实现对圆盘三维运动的半闭环控制。仿真结构框图如5.34所示，主要由主提升驱动子系统、水平刚度调节驱动子系统、下斜拉驱动子系统以及并联索和圆盘子系统构成。图5.34中主提升、水平刚度调节和下斜拉等驱动子系统，其伺服电机在现场都工作在速度控制方式，所有电机的运行速度均由主控制器统一计算、发送，由主控制器实现大环的闭环位置控制。

　　这是由于主提升、水平刚度调节和下斜拉驱动子系统，按位置控制方式实现对圆盘三维移动的半闭环控制时，位置环设计在下级控制器并不可行。这主要是受到运动控制器中提供的可用指令限制，由于一条位置控制指令执行结束后，运动控制器默认速度为零，如果运动控制器不提供多段预读指令，将导致运动速度不连续。

　　图5.34还包含了主提升、水平刚度调节和下斜拉驱动子系统的位置控制器组子系统图，具体结构参见图5.35。另外，还设计了位置观测器，它根据电机编码器测得的18根索输出长度误差，反算圆盘位置。

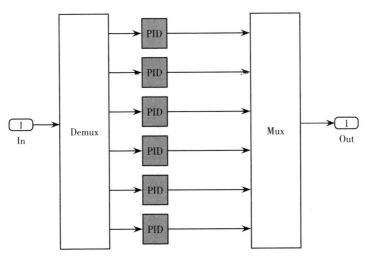

图5.35　主提升、水平刚度调节和下斜拉驱动系统的位置控制器组

5.3.2.5　并联索驱动快速圆盘三维跟随运动模型

圆盘随动系统包括主提升驱动子系统、水平刚度调节驱动子系统、下斜拉驱动子系统、钢丝绳圆盘子系统。这些子系统共同协调运动，完成对探测器的大范围随动跟踪，其结构框图如图5.36所示。

在随动控制中，主提升、塔上斜拉和地面斜拉子系统现场均工作于速度控制方式，位置半闭环控制由主运动控制器完成。主运动控制器综合上述子系统位置信息以及跟随误差信息实现子系统的速度分配，完成闭环位置控制。其中随动控制器包括一组PI控制器，它们处理跟随误差信息、圆盘速度的平均值滤波及位置预测控制器，提高系统稳定性。

5.3.2.6　三维跟踪运动与拉力控制联合仿真模型

将主提升、水平刚度调节和下斜拉子系统共同驱动圆盘作三维跟随的运动模型（见图5.36）、水平快速随动子系统模型（见图3.27）和拉力卸荷与精调子系统模型（见图5.30、图5.31）耦合起来，便可得到三维随动系统垂直跟踪运动动态性能与拉力控制联合仿真模型，如图5.37所示，共包括了7个控制子系统。

图5.37仿真模型中，全面考虑了拉力控制子系统输出的拉力、水平快速随动子系统两个托板相对圆盘运动的惯性力对圆盘运动的影响，以及圆盘的速度、加速度对水平快速随动子系统和拉力控制子系统控制输出的干扰。主提升、水平刚度调节和下斜拉驱动子系统的位置控制器、圆盘跟随水平快速随动子系统的托板运动和拉力控制子系统的绳长变化的跟随控制器，以及水平快速随动子系统的两个位置控制器将相互耦合，通过仿真来总结联合调整策略。

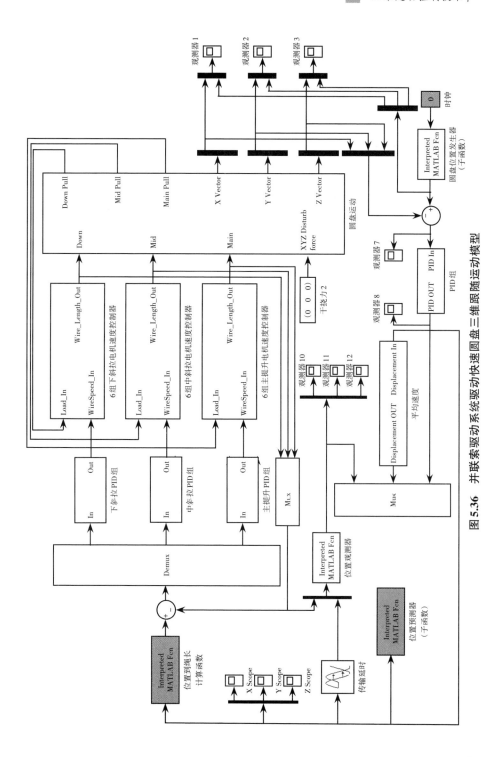

图 5.36 并联索驱动系统驱动快速圆盘三维跟随运动模型

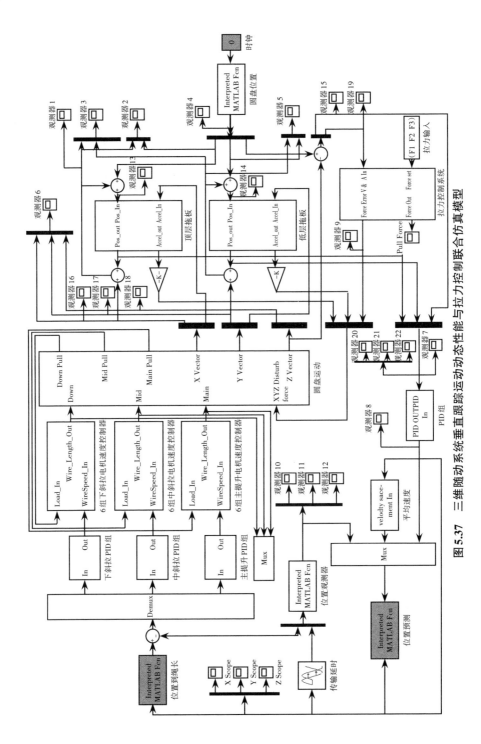

图 5.37　三维随动系统重直跟踪运动动态性能与拉力控制联合仿真模型

6 试验保障技术 ▸▸▸_____

根据深空探测着陆试验的需求，低重力环境模拟通常包括照明和气象两大范畴。照明重点包括试验成像区场地照明、快随系统下方试验体照明和塔架航标灯；气象系统包括风力、风向等局部气象条件监测。

6.1 场地照明技术

6.1.1 概述

试验成像区照明属于站场照明的范畴，与停车场、露天堆场等照明设置有类似的地方。在照明设计时应遵循以下原则：

① 试验场地照度要求高，面积大，宜采用混合照明。

② 一般照明不能满足照度要求的作业面应增设局部照明。

③ 照明光源色温应大于5300K，并控制眩光、显示指数等质量指标。

④ 为满足测量要求，应降低照明系统的频闪效应。

⑤ 应采取措施减小电压波动、电压闪变对照明的影响。

⑥ 灯具选择应根据使用环境选择相应的防护等级。

6.1.2 成像区场地照明设计

成像区场地照明主要指高耸钢结构内部的照明区域；场地照明灯具通常按高耸钢结构数量进行分组安装。为了保证照明灯具安装和检修方便，通常在钢结构面向中心区域侧设置工作平台，工作平台宽度在1m左右。工作平台的高度需要根据照明要求和灯具选型综合计算后确定，通常位于30~50m之间。场地照明根据灯具发展而定，通常选择高效投光灯具。

计算机辅助照明设计的关键在于选择合适的照明设计软件。为了满足当代照明设计的要求，照明设计软件除了可以进行照明计算，还能够实现照明效果仿真及渲染。目前国外已开发出许多专业照明设计软件，各有优势及不足。

（1）照明设计布局

灯具分6组分别安装在6个主体塔架上，35m高度需各设1m宽工作平台，每个工作平台各设16套1800W高效投光灯具，共96套高效投光灯具（总安装容量200kW）；照场灯具布局见图6.1，60m×60m范围内地面平均照度在520lx，满足一般照明需要。

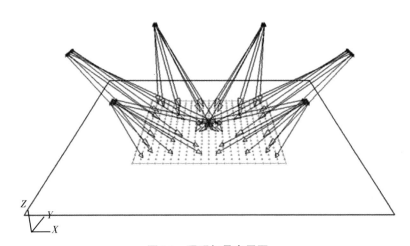

图6.1　照明灯具布局图

照明电源及控制由设于每个塔架35m平台的照明配电箱完成。

（2）试验体照明设计

试验体照明区域位于圆盘下方，最远17m、最近3m，周边6m×6m范围内，灯具安装在圆盘的梁上，布置24套150W小型投光灯具（单灯质量约7.5kg）照试验体，电缆随圆盘一起随动（试验体再随活动挂盘一起随动，灯具总质量300kg、安装容量4kW）；工作面照度计算分三个平面，最远17m处工作面平均照度900lx、中间10m处工作面平均照度1600lx、最近3m处工作面平均照度1900lx，以满足较精细的试验体试验工作。

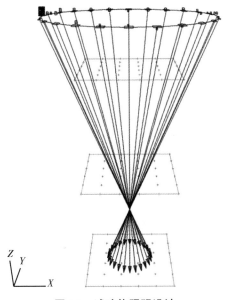

图6.2　试验体照明设计

照明电源及控制由试验架挂盘随动控制系统来完成。

（3）塔架航标灯设计

主体塔架航标灯按照6个塔体和塔架顶部划分，每个塔体1组3套航标灯分别布置在49m、98m和塔体顶部，塔架顶部在环形桁架均匀布置1组6套航标灯。6#塔高218m，除49m、98m和塔体顶部外，还在138m、188m增加2套航标灯。系统共配26套航标灯（安装容量22kW）。

在每个塔架49m平台和塔顶140m平台分别设置照明配电箱供电（只供电不控制），由航标灯配套控制器根据光强自动控制航标灯的开闭、闪烁和同步。

（4）控制系统设计

控制系统由HDL场景控制器、智能控制面板、智能开关模块、电源模块、触摸屏和控制总线组成；控制系统采用总线式控制方案，控制模块分别安装在配电箱、控制箱内，中间由控制网络线连通，可通过网络线进行远距离控制。控制系统原理见图6.3。

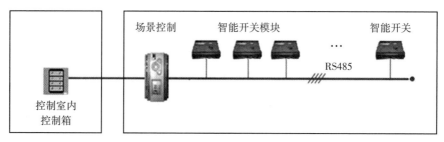

图6.3 控制系统原理图

控制界面为一块智能面板和一块触摸屏，根据工作需要在智能面板上预先进行场景控制模式设定编程，在触摸屏上预先进行场景控制模式、单台灯具控制和运行状态指示设定编程，触摸屏和智能面板互备以提高可靠性。灯具控制在设计中主要为场景模式控制，这主要是考虑到操作使用方便，各种常用场景模式基本可以做到一键控制；为了方便个别情况下的特殊使用，在触摸屏上设置各个灯具单灯手动控制功能，在对应位置直接点按相关灯具图标即可实现单灯手动控制，并进行单台灯具运行状态指示。

6.1.3 场地照明系统的重难点

（1）灯具安装件受力计算及安全设置

灯具安装在35m高空塔架平台，下面是试验场地，因此要彻底防止灯具意外坠落，结合以往工程经验和当地的气象条件，考虑50年一遇的情况，主要考虑灯具的风载，进行理论受力验算：

$$F = 0.5SC_x\rho V^2 \tag{6.1}$$

式中：F——灯具受侧向力，N；

S——灯具迎风投影面积，m^2；

C_x——风阻系数；

ρ——空气密度，kg/m^3；

V——风速，m/s。

飞利浦灯具MVF403，取 $S = 0.25m^2$，取 $C_x = 0.93$，取 $\rho = 1.29kg/m^3$

（0℃，一个标准大气压），取 $V = 32.6\text{m/s}$（11级风）。

$$F = 0.5 \times 0.25 \times 0.93 \times 1.29 \times 32.6^2 \approx 160(\text{N})$$

考虑2~3倍余量，结合以往工程安装经验，选用8号槽钢，在地面仿真测试。

高空照明灯具一般要加安全保护链，尤其在长时间风力的作用下，灯具可能出现松动，意外坠落，导致地面人员和物品受损害，作为双保险，应设安全防护链。

（2）灯具安装角度定位

场地照明的均匀度和眩光控制非常重要，良好的均匀度和眩光控制可以有效保护场地工作人员的眼睛，尽量减少长时间工作给人员眼睛造成的疲劳感和伤害。

均匀度：为了使灯具投射角度定位准确有序，按1#~6#塔顺次分别调整，以免混乱。首先根据照度计算书，查出对应塔的灯具的瞄准位置（每个塔12盏灯，瞄准点都不同），在地面上量出对应瞄准点的位置，设置受光标志物（深色，最好为黑色），然后使用专业激光瞄准镜，对每一盏灯进行投射角度定位，定位完成后将灯具紧固。

眩光：在满足均匀度的前提下，尽量降低眩光，设计时绝大多数灯具的投射方向在就近场地区域，可以有效降低眩光。

（3）照明系统三相平衡及降低启动冲击电流

金卤灯在开启时会有较人冲击电流，特别灯具数量较多时，会对供电系统和上级断路造成冲击，因此场景控制时，采用顺次延时接通技术（3盏灯同时开启，保持三相平衡），降低大负荷金卤灯开启时的冲击电流。从而使上下级的配电箱（柜）的断路器整定电流更容易匹配，减少非短路型跳闸现象。

6.2 气象监测系统

6.2.1 概述

气象参数指标是探测器工作参数设计的依据，持续和准确的气象环境监测是探测器模拟试验的前提条件。试验中的降雨、降雪、大风、低温（冰冻）等突发天气对探测器的安全、试验、运输、存储等都会造成一定的威胁。风速、风向、温度、湿度、大气压的测量是气象监测的重要内容，有效监测试验场的气象环境和天气变化，及时提供气象服务，实时了解当前的气象状况，将有效保障探测器的安全和试验正常开展，对成功完成火星探测器模拟试验具有重要意义。

6.2.2　气象站设备组成及其特点

气象站按原理可分为机械转动式气象站和超声波一体式微气象站。

6.2.2.1　机械转动式气象站

（1）基本组成和原理

机械转动式气象站主要由风速传感器、风向传感器、温湿压传感器三部分组成。风向、风速传感器用于测量瞬时风速风向，主要由支杆、风标、风杯、风速风向感应器组成，风标的指向即为来风方向，根据风杯的转速来计算出风速。

图6.4所示为机械转动式气象站的基本组成。

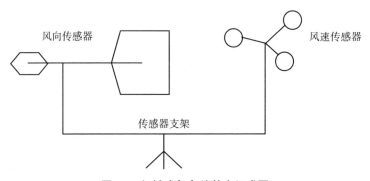

图6.4　机械式气象站基本组成图

风速传感器的感应元件是三杯风组件（见图6.5），由三个碳纤维风杯和杯架组成。转换器为多齿转杯和狭缝光耦。当风杯受水平风力作用而旋转时，通过活轴转杯在狭缝光耦中转动，输出频率信号。

图6.5　三杯风组件

风向传感器的变换器采用精密导电塑料电位器，当风向发生变化，尾翼转动通过轴杆带动电位器轴芯转动，从而在电位器的活动端产生变化的电阻信号输出。风向传感器的变换器为码盘和光电组件。当风标随风向变化而转动时，通过轴带动码盘在光电组件缝隙中的转动。产生的光电信号对应当时风向的格雷码输出，见图6.6。

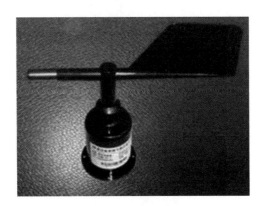

图6.6　风向传感器

风向传感器主要依据风标方位及其产生的格雷码对照进行检测。6位格雷码有64个方位，检测时选择典型方位（如0°，90°，180°，270°）所对应的格雷码判断检测。由表6.1所示格雷码制对应表可知，4个典型方位与格雷码对应关系。

表 6.1　格雷码制对应表

方位角	格雷码
0°（360°）	000000
90°	110000
180°	101000
270°	011000

温湿度测量采用 AM2301 数字温湿度传感器，这是一款含有已校准数字信号输出的温湿度复合传感器，见图6.7。它应用专用的数字模块采集技术和温湿度传感技术，确保产品具有极高的可靠性与卓越的长期稳定性。传感器包括一个电容式感湿元件和一个 NTC 测温元件（AM2303 采用 DS18B20 测温度）。

图 6.7　温湿传感器

（2）测量范围和精度

① 风速。

测量范围：0 ~ 45m/s。

测量精度：±1.1m/s，或读数的±4%。

分辨率：0.38m/s。

启动风速：1m/s。

② 风向。

测量范围：0 ~ 355°，5°死角。

测量精度：±5°。

分辨率：1.4°。

启动风速：1m/s。

③ 环境温度：

测量范围：-40 ~ 75℃。

测量精度：±0.5℃。

分辨率：0.1℃。

④ 环境湿度。

测量范围：0 ~ 100%RH。

测量精度：±5%RH。

分辨率：0.1%RH。

⑤ 大气压。

测量范围：66 ~ 107kPa。

测量精度：±300Pa。

分辨率：10Pa。

（3）特点分析

① 优点：杯状风速计和翼状风速计使用方便，成本较低。该系统适用于农业、林业、部分环保等场所测量风向、风速、湿度及温度。

② 缺点：受启动风速限制；测量精度低，量程小；惰性和机械摩擦阻力较大，只适合于测定较大的风速；安装复杂，使用寿命短，维护成本高。

6.2.2.2　超声波一体式微气象站

（1）基本组成和原理

现阶段常采用基于超声波传播速度受风速影响因而增减的原理制成的超声波风速仪表，与其他各类仪表相比较，其优势在于：安装简单，维护方便；不需要考虑机械磨损，精度较高；不需要人为的参与，可完全智能化。

超声波一体式微气象站如图6.8所示。

① 超声波风速风向原理。

智翔宇超声波一体式微气象站 MULTI-5P 的风

图6.8　超声波一体式微气象站

速风向参数测量利用超声波时差法来实现。声音在空气中的传播速度会和风向上的气流速度叠加。若超声波的传播方向与风向相同，它的速度会加快；若超声波的传播方向与风向相反，它的速度会变慢。因此，在固定的检测条件下，超声波在空气中传播的速度可以和风速函数对应，通过计算即可得到精确的风速和风向。声波在空气中传播时的速度受温度的影响很大，智翔宇的MULTI–5P气象仪器可以检测两个通道上的两个相反方向，因此温度对声波速度产生的影响可以忽略不计。

　　精确的风速风向测量是由分布在同一个水平面上按照固定的方位均匀分布的2组超声波探头组成测量。固定东南西北方位，通过南北、东西2组超声波传输的信号时间差值计算出风速和风向值。如图6.9所示，图中 $V_{东西}$ 为东西方向风速，$V_{南北}$ 为南北方向风速，V_C 为空气中传播的风速，V_S 为超声波测量速度。

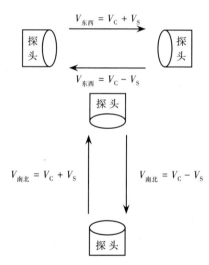

图6.9　精确的风速风向测量

　　测量说明：顺风风速值相加，逆风风速值相减。气象仪器超声波距离是一定的，为 S，超声波发送信号到接受信号时间为 T，得 $\dfrac{S}{T} = V_{总}$，推导出 $V_{总} = \dfrac{\mathrm{d}S}{\mathrm{d}T}$，进而得到单方向风速 V_C 的值。用此方法同时计算东西方向和南北方向的风速值，进而计算出二维的风速风向。

② 温湿度测量原理。

温度参数是由一个能隙式测温元件测量的，而湿度是由电容聚合体测量的，该测量模块参数采用 CMOSens 专利技术将温湿度传感器与 AD 转换器及数字接口无缝地结合起来，使传感器具有体积小、响应速度快、接口简单、性价比高等特点。温湿度测量得到的参数值为数字信号，保证了良好的可靠性与一致性。

③ 气压测量原理。

气压传感器是一款超小型压阻式压力传感器，可用作数字输出气压计。该压力传感器采用防水封装，绝对压力范围是 26 ~ 126kPa，电流消耗降低至 $3\mu A$。该器件包括一个传感元件和一个通过 I2C 或 SPI 进行通信的 IC 接口。该传感元件检测绝对压力，包含一个采用 ST 开发专用工艺制造的悬浮膜。气压参数测量得出的参数值也为数字信号，保证了良好的可靠性与一致性。

（2）测量范围和精度

超声波气象站的参数见表6.2，测量范围和精度见表6.3。

表6.2 超声波气象站参数

防护等级	IP66
尺寸/mm	高度：253，宽度：160
质量/kg	1.3
模拟输出信号	4 ~ 20mA，或 1 ~ 5V（选配）
数字输出信号（RS485）	9600b/s（默认）
电源	12 ~ 30V DC
功耗	15mA，12V DC
工作温度	−50 ~ 85℃
工作湿度	5% ~ 100%RH
通信连接方式	五芯航空插头
电缆长度	标配5m，可定制

表6.3　超声波气象站测量范围和精度

监测参数	技术指标	
风速	测量原理	超声波
	测量范围	0~75m/s
	测量精度	±0.2m/s； $V \geqslant 10$m/s测量值的2%
	分辨率	0.1m/s
风向	测量原理	超声波
	测量范围	0~360°
	测量精度	±2°
	分辨率	0.1°
温度	测量原理	二极管结电压法
	测量范围	−50~85℃
	测量精度	±0.2℃
	分辨率	0.1℃
湿度	测量原理	电容式
	测量范围	0~100%RH
	测量精度	±2%RH
	分辨率	0.1%RH
大气压力	测量原理	压阻式
	测量范围	0~120kPa
	测量精度	±20Pa
	分辨率	10Pa

（3）特点分析

① 可同时测量风速、风向、温度、湿度、气压5个气象参数。

② 可全天候工作，不受暴雨、冰雪、霜冻天气的影响。

③ 无启动风速限制，零风速工作，无角度限制，360°全方位，可同时获得风速、风向的数据。

④ 测量精度高；性能稳定。

⑤ 结构坚固，仪器抗腐蚀性强，在安装和使用时无需担心损坏。

⑥ 设计灵活、轻巧，携带轻便，安装、拆卸容易。

⑦ 不需要维护和现场校准。

⑧ 信号接入方便，兼容性强，可同时提供数字和模拟两种信号；模拟信号输出支持 1~5V 电压输出和 4~20mA 电流输出；数字信号输出支持 ASCII、SDI-12、MODBUS 及 NMEA 通信协议；可根据客户需求定制通信协议。

⑨ 相比机械转动式气象站的成本要高。

6.2.3 超声波一体式气象传感器的选择

超声波一体式气象传感器集成风速、风向、温度、湿度、气压 5 个气象要素为一体，具有集成度高、稳定性好、抗电磁干扰能力强、低功耗、免维护的优点。其中风速风向采用最新的超声波测量技术，具有测量精度高、启动风速低、无机械磨损等优点；温湿度采用数字温湿度传感器件，具有精度高、长期稳定性好、反应灵敏等优点；气压测量部件采用硅压阻测量原理，具有反应灵敏、精度高的优点。该传感器目前已广泛应用于高速铁路、高压输电线路、风电场、高速公路等应用气象监测领域。其集成度高、免维护的特点适合在高空铁塔等复杂恶劣环境下应用。

（1）系统技术标准与规范

《WMO气象仪器和观测方法指南》；

GB 191—2016《包装储运图示标志》；

GB 2887—2011《计算机场地通用规范》；

GB 4208—2017《外壳防护等级（IP代码）》；

GB 9361—2011《计算机场地安全要求》；

GB 11463—1989《电子测量仪器可靠性试验》；

GB 50009—2012《建筑结构荷载规范》;

GB/T 2423.1—2016《电工电子产品环境试验 第2部分:试验方法 试验A:低温》

GB/T 2423.2—2008《电工电子产品环境试验 第2部分:试验方法 试验B:高温》

GB/T 2423.4—2008《电工电子产品环境试验 第2部分:试验方法 试验Db:交变湿热(12h+12h循环)》;

GB/T 2423.5—2019《环境试验 第2部分:试验方法 试验Ea和导则:冲击》;

GB/T 2423.10—2019《环境试验 第2部分:试验方法 试验Fc:振动(正弦)》;

GB/T 3482—2016《电子设备雷击试验方法》;

GB/T 6587—2012《电子测量仪器通用规范》;

GB/T 6593—1996《电子测量仪器质量检验规则》;

GB/T 14436—1993《工业产品保证文件 总则》;

GB/T 16927.1—2011《高电压试验技术 第一部分:一般试验要求》;

GB/T 17626.2—2018《电磁兼容 试验和测量技术 静电放电抗扰度试验》;

GB/T 17626.3—2016《电磁兼容 试验和测量技术 射频电磁场辐射抗扰度试验;

GB/T 17626.8—2006《电磁兼容 试验和测量技术 工频磁场抗扰度试验》;

GB/T 17626.9—2011《电磁兼容 试验和测量技术 脉冲磁场抗扰度试验》;

JB/T 5750—2014《气象仪器防盐雾、防潮湿、防霉菌工艺技术要求》;

QX/T 1—2000《Ⅱ型自动气象站》;

QJ/T 815.2—1994《产品公路运输加速模拟试验方法》。

（2）安装方式

安装方法见图6.10。

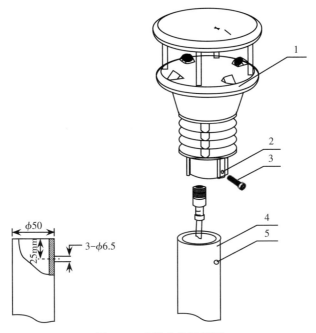

图6.10 安装方法示意图

1—仪器设备；2—螺丝固定孔；3—固定螺丝；4—50安装杆；5—安装杆穿插孔

6.2.4 气象监测系统组成与数据采集

6.2.4.1 监测系统组成

气象数据采集器对各梯度的气象数据进行采集分包处理，并通过光纤通信远传至工控机，分享至数据监测主机端。工控机按用户要求，完成对各个气象传感器监测点数据的接收、存储、显示和分析整理，对数据库进行管理，超过设定报警阈值进行报警和显示；并从数据库提取数据上传至系统服务器，供其存储、显示、分析整理。工控机与采集器之间通过光缆及交换机进行连接，采用RS485完成数据通信，从而将以数据采集器为核心的整个系统接入局域网或互联网，方便用户进行远程管理和数据传输。

6.2.4.2 数据采集与存储

气象数据采集器集数据采集、存储、传输和管理于一体，具有气象数据采集、实时时钟、气象数据定时存储、参数设定、友好的人机界面和标准通信功能，可以按用户的选择很方便地与计算机建立有线通信（光纤、RS485、RS232、以太网等）、无线通信（4G、Wi-Fi、卫星、电台等）连接。该采集器具有测量精度高、环境适应性强、系统运行稳定等特点，使其成为科研与工业系统应用的理想选择。目前已在气象观测、农业研究、生态观测、土壤水分研究、风力观测、道路气象站等众多领域得到了广泛应用。

（1）采集系统特点

① 梯度观测数据采集系统，定时或受控智能采集、转发、存储数据，具有自动、人工检测功能。

② 通信中断时存储数据，可存储半年气象数据。

③ 具有标准 RS232 端口，可接入 PC 或笔记本电脑。

④ 可提供标准 MODBUS 协议，供用户实现上位机软件二次编程。

⑤ 可设置数据采集频率、采集时间间隔。

⑥ 具有外部接口扩展功能。

⑦ 带有校验的通信错误检查。

⑧ 可在现场和远程对设备进行各项参数设置或读取的编程操作。

⑨ 具有远程程序升级功能，不需到现场升级。

⑩ 具有 RS232/RS485/Internet/GPRS 通信方式，支持卫星、光纤等通信方式（根据客户要求选配）。

（2）采集系统技术指标要求

① 工作环境：-50 ~ 85℃，0 ~ 100%RH。

② 可靠性：平均无故障时间大于 5000h。

③ 防护等级：IP65，防雷击、防电磁干扰、防盐雾腐蚀。

④ 采样通道：模拟通道和数字通道，可扩展。

⑤ 采集时间：每分钟至少采集一次相关参数。

⑥ 通信方式：RS232/RS485/以太网/GPRS等。

⑦ 存储：通信中断数据自动存储，通信恢复后数据自动上传。

⑧ 电源：交流380V/220V或直流12V/24V。

⑨ 数据存储容量：128M。

（3）采集系统技术功能要求

① 实时数据浏览：同时、准确、实时以图表形式显示当前所有测点工况，包括测点的风速、风向、温度、湿度、气压。

② 历史数据检索查询：能够记录一年内所有测点风速、风向、温度、湿度、气压数据，并可通过移动设备导出历史数据；能够通过时间段检索所选时间段内的测点的历史数据；具备通过测点编号检索数据功能；具备通过时间段、测点编号联合检索功能。

③ 数据曲线功能：提供所有参数实时曲线和历史曲线功能。实时曲线反映24h内风速风向变化。历史曲线根据选择测点、时间段生成曲线，并能同时以不同颜色显示所有测点风速、风向、温度、湿度、气压曲线。

④ 报警功能：软件具有风速、风向、温度、湿度、气压报警功能，当瞬时值超过设置的报警阈值，软件实时监测界面通过不同颜色进行报警。

⑤ 数据上传功能：软件需按用户要求，从数据库提取数据上传至系统服务器，供其存储、显示、分析整理。

6.2.4.3 气象监测系统数据处理软件功能设计

（1）实时数据浏览

准确实时地以图表形式显示当前所有测点工况，包括杆塔各层测点的风速、风向。

单个测点实时数据展示如图6.11所示。

（2）历史数据检索查询

能够记录一年内所有测点风速、风向历史数据，可随时查看并通过移动设备导出历史数据。

历史数据展示如图6.12所示。

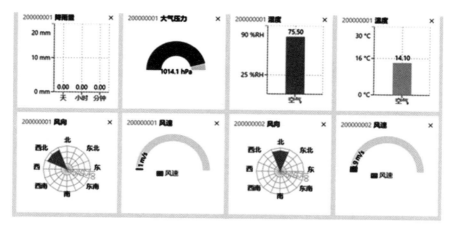

图6.11 单个测点实时数据图

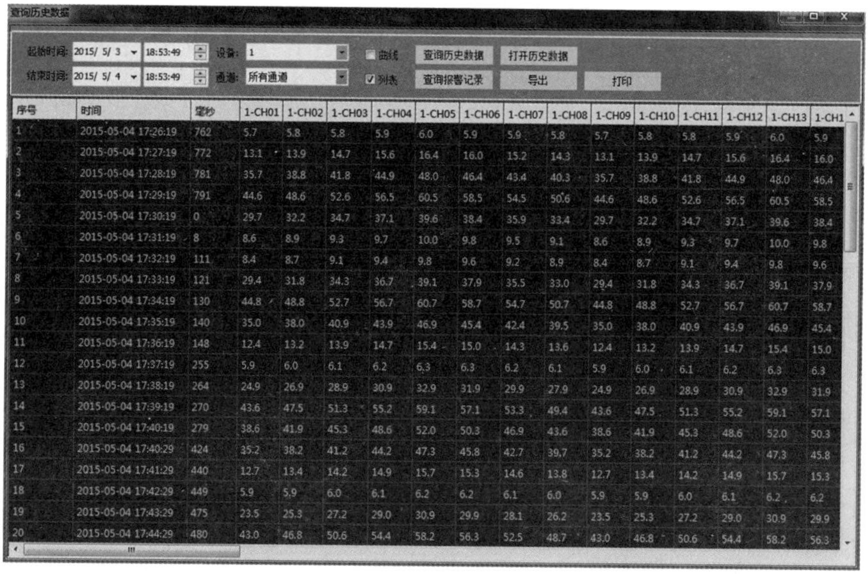

图6.12 历史数据图（包括联合检索）

能够通过时间段检索所选时间段内的测点的历史数据。

具备通过测点编号检索数据功能。

具备通过时间段、测点编号联合检索功能。

数据联合检索如图6.12所示。

（3）数据曲线功能

提供所有参数实时曲线和历史曲线功能。实时曲线反映24h内风速风向变化曲线。历史曲线根据选择测点、时间段生成曲线，并能同时以不同颜色显示所有测点风速、风向数据曲线，见图6.13。

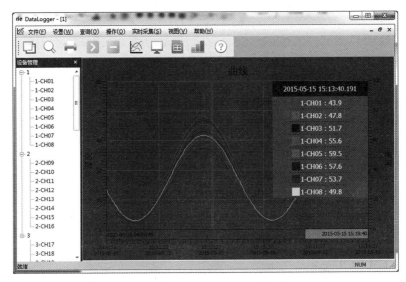

图6.13 数据曲线图

（4）报警功能

软件具有风速、风向超出阈值报警功能，当瞬时值超过设置的报警阈值，软件实时监测界面通过不同颜色进行报警，见图6.14和图6.15。

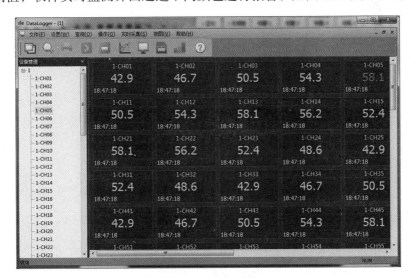

图6.14 报警数据图

图6.15　报警记录图

6.2.4.4　气象监测系统通信设计

该系统通信由采集器与传感器、采集器与采集器、采集器与主控室后台服务器三部分组成。

① 采集器与传感器采用RS485通信接口，通过双层屏蔽电缆连接供电和数据通信，见图6.16。

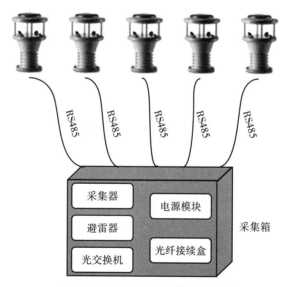

图6.16　采集器与传感器通信示意图

② 采集器与采集器采用RS485通信接口，通过光缆及光电交换机进行连接和数据通信。

③ 采集器与主控室后台服务器采用RS485通信接口，通过光缆及光电交换机进行连接和数据通信，从而将以数据采集器为核心的整个系统接入局域网或互联网，方便用户进行远程管理和数据传输。

④气象监测系统通信框图见图6.17。

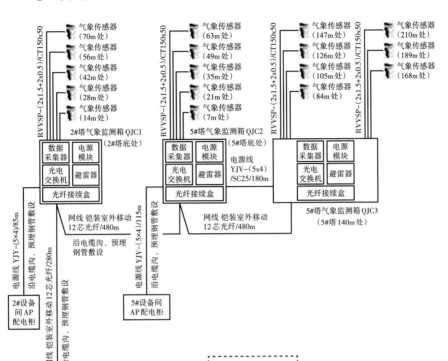

图6.17 气象监测系统通信框图

6.2.4.5 气象监测系统性能要求

（1）稳定性

①选用工业级以上，部分军工级元器件，保证产品的运行稳定可靠。

②防强电磁干扰技术：传感器采用一体式金属外壳，具有良好的屏蔽性能，在软、硬件设计上采用多种抗干扰的技术，大大提高了系统的电磁兼容性。

③所有成品均进行高低温老化，测试性能稳定后才可以出厂。

（2）防雷性

① 气象传感器具有良好的接地性能，在有直击雷和感应雷的情况下，能够在极短的时间内将雷电引入地网并泄放到大地。

② 气象采集器内部设计有多级防雷保护，如果有直击雷和感应雷等强电流进入，避雷器、防浪涌保护器等根据不同响应速度进行保护。

（3）电磁兼容性

① 能承受 GB/T 17626.2—2018《电磁兼容　试验和测量技术　静电放电抗扰度试验》中规定的试验等级为4级的静电放电试验。在试验期间及试验后，装置能正常工作。

② 能承受 GB/T 17626.3—2016《电磁兼容　试验和测量技术　射频电磁场辐射抗扰度试验》中规定的试验等级为3级的辐射电磁场干扰试验。在试验期间及试验后，装置能正常工作。

③ 能承受 GB/T 17626.9—2011《电磁兼容　试验和测量技术　脉冲磁场抗扰度试验》中规定的试验等级为5级的脉冲磁场干扰试验。在试验期间及试验后，装置能正常工作。

④ 能承受 GB/T 17626.8—2006《电磁兼容　试验和测量技术　工频磁场抗扰度试验》中表1和表2规定的试验等级为5级的工频磁场干扰试验。在试验期间及试验后，装置能正常工作。

（4）气候防护性

① 能承受 GB/T 2423.2—2008《电工电子产品环境试验　第2部分试验方法　试验B：高温》中严酷等级为：温度+55℃、+70℃或+85℃，持续时间16h的高温试验。在试验期间及试验后，装置能正常工作。

② 能承受 GB/T 2423.1—2008《电工电子产品环境试验　第2部分试验方法　试验A：低温》中严酷等级为：温度−25℃、−40℃，持续时间16h的低温试验。在试验期间及试验后，装置能正常工作。

③ 能满足 GB/T 2423.4—2008《电工电子产品环境试验　第2部分试验方法　试验Db：交变湿热（12h+12h）循环》中高温温度为40℃，试验周期1d，原地恢复2h的试验要求。在试验期间及试验后，装置能正常工作。

（5）机械性

在非工作、非包装状态下，装置应能通过如下严酷等级的正弦振动试验：频率范围：$10 \sim 55Hz$；峰值加速度：$10m/s^2$；扫频循环次数：5次；危险频率持续时间：$10min \pm 0.5min$。试验后，装置能正常工作。

（6）运输性

能承受GB/T 6587—2012《电子测量仪器通用规范》中组别为Ⅱ的运输试验（包括振动、自由跌落、翻滚试验）。试验后，装置能正常工作。

参考文献

[1] 哈尔滨工业大学，中国建筑科学研究院.钢管混凝土结构技术规程：CECS 28：2012［S］.北京：中国计划出版社，2012.

[2] 中华人民共和国住房和城乡建设部.钢结构设计规范：GB 50017—2017［S］.北京：中国建筑工业出版社，2017.

[3] 李星荣，魏才昂，丁峙崐，等.钢结构连接节点设计手册［M］.2版.北京：中国建筑工业出版社，2005.

[4] 中华人民共和国住房和城乡建设部.建筑结构荷载规范：GB 50009-2012［S］.北京：中国建筑工业出版社，2012.

[5] 戴为志，刘景凤，高良.建筑钢结构焊接工程应用技术及案例［M］.北京：化学工业出版社，2016.